你没有错，只是太弱

唯有强大，才有被重视的资格

NIMEIYOUCUO
ZHISHITAIRUO

李雪 著

山東文藝出版社

图书在版编目（CIP）数据

你没有错，只是太弱 / 李雪著．—济南：山东文艺出版社，2018.10
ISBN 978-7-5329-5577-0

Ⅰ.①你… Ⅱ.①李… Ⅲ.①成功心理－通俗读物 Ⅳ.①B848.4-49

中国版本图书馆 CIP 数据核字（2018）第 195556 号

你没有错，只是太弱

李雪 著

主管单位 山东出版传媒股份有限公司
出版发行 山东文艺出版社
社　　址 山东省济南市英雄山路 189 号
邮　　编 250002
网　　址 www.sdwypress.com

读者服务 0531—82098776（总编室）
　　　　 0531—82098775（市场营销部）
电子邮箱 sdwy@sdpress.com.cn

印　　刷 天津旭丰源印刷有限公司
开　　本 880 毫米 ×1230 毫米　1/32
印　　张 8
字　　数 152 千
版　　次 2018 年 10 月第 1 版
印　　次 2018 年 10 月第 1 次印刷
书　　号 ISBN 978-7-5329-5577-0
定　　价 39.80 元

前言

人生是一场不可重来的直播，每个人活着的时间都是有限的，所以，谁都不愿做弱者被埋在尘埃里。不愿做弱者的人就会选择拼命使自己变得愈加强大。

他，因为从小就选择了做强者，所以他“拼命”地努力，长大后的他赢得了人们响亮的掌声，获得了诸多殊荣。

他，一生可以用“一个人、一根杆、一根绳、一片天、一条路，一辈子”这简单的十几个字来总结。

他，就是掷地有声地告诉全世界“只要有鹰飞过的地方，架根钢丝，我就能过”的传奇人物，中国杂技艺术家协会的副主席，新疆达瓦孜艺术的第六代传人——“高空王子”阿迪力。

在无任何保险措施的情况下，“高空走钢丝”是一项用生命去冒险表演的技能。阿迪力到底有多大的能耐，胆子又到底有多大，他怎么敢冒着生命危险去表演“高空走钢丝”呢？这跟他的出生背景有关，跟他的家族有关。

阿迪力的家族有430多年表演“高空走大绳”的历史，可是因为它具有较大的风险性，所以阿迪力的父亲坚决不允许他入这一行。可是阿迪力似乎天生就是“走大绳”的料，只要一走上大绳，他就浑身舒畅。他的父亲对此只能妥协，让10岁的他参与了“走大绳”的训练。

虽然阿迪力具有一定的“走大绳”的天分，但是如果不勤加训练，没有掌握到一定技巧的话，也是无法在这一行生存和发展下去的。在得到父亲的许可之后，阿迪力投入了十二分的精力去训练。他是所有学员中起得最早的一个，同时也是睡得最晚的一个。在训练的过程中，阿迪力经常从大绳子上摔下来，摔得浑身是伤，他吭都不吭一声，勇敢地爬起来擦干眼泪之后就又投入高强度的训练之中。

1991年，阿迪力在上海首届“中华民族风情艺术节”做现场表演，前面119场表演得都很顺利，可是在表演第120场时，他刚走到一半意外就发生了，悬在高空的绳索突然断了，他从21米高的地方摔了下来，全身17处骨折。当时医生已经判定他几乎无生还希望了，可是福大命大的阿迪力在昏迷了7天之后醒来，治疗了40天之后就回到了新疆。休养了半年之后他就又开始训练，当时他的手伸不直不能单手倒立，于是就练用头顶绳倒立。凭借着坚强的毅力和过人的勇气，阿迪力最终又重新站了起来，重返他的“钢丝”舞台，堪称奇迹。

阿迪力就是这样，拼命地去追求激情与速度的人生，不管遇到什么困难，遭遇多大的挫折，他都努力克服，最终从一名普普通通的“高空走大绳”的艺人华丽地转身成为一名“高空王子”，成为这个行业里的顶尖人才。

1997 年 7 月 4 日，没带任何保险绳的阿迪力仅用了 13 分 48 秒就徒步走完了 600 米横跨长江三峡的高空钢绳，成功挑战世界“高空王子”科克伦，打破了吉尼斯世界纪录。2000 年 10 月 6 日，阿迪力也没带任何保险绳成功地跨越了架设在南岳衡山芙蓉峰和祝融峰之间长达 1399.6 米的高空钢丝，创造了“无保险高空走钢丝世界最长”吉尼斯世界纪录。2002 年 4 月 16 日到 5 月 11 日，阿迪力在北京平谷县金海湖上创下了“高空生存 25 天”的纪录。2003 年 8 月 22 日，阿迪力又成功地在重庆奉节县兴隆镇天坑 662 米无保护高空下行走，成为世界高空行走一个新的难以逾越的纪录。2009 年 7 月 5 日，阿迪力挑战新疆喀纳斯景区的高空钢丝，在跨度 1100 余米，西北岸海拔高度 1600 余米，东南岸高度 1400 余米的新疆喀纳斯景区的月亮湾到卧龙湾进行表演，创造了两个纪录：一是海拔最高，达 1670 米；二是表演时有两人从两端开始行走并在中间交叉。这一次挑战的成功，再一次刷新了他的个人纪录与世界纪录。2013 年 8 月 10 日，阿迪力在广州尝试了新挑战，首次在城市中心地标建筑上进行“高空走钢丝”表演，从 116 米的广州塔第 23 层出发凌空横跨珠江江面最终到达海心沙。

多年来，阿迪力一直不断地在挑战自我的极限，不断地行走在激情与速度之旅途当中，在全国各地表演了无数场“高空走钢丝”，多次成功打破高空行走的世界纪录。他说他很享受将“生命置之度外”进行极限表演的过程，他喜欢在高空表演过程中俯瞰钢丝下攒动的人头，那对他来说是一种鼓励，也是一种肯定，那是他人生中最美的时刻，也是最幸福的时刻。

“今日的你若是选择了拼命，那么明日的你也一定能够成为强者。”这是阿迪力用实际行动向全世界人民发出的呐喊。

如果你不愿做一粒埋在尘埃里的沙尘，那么就请拿出你的信心和勇气，不断地奋勇向前，不断地拼命努力吧！

你要相信，生活绝对不会亏待任何一个勇敢向前的人，世界也绝对不会亏欠任何一个努力拼命的人。

你要相信，将来的你，一定会感谢此时不愿做弱者的自己，感谢此刻正在努力拼搏的自己。

目录 CONTENTS

第一章 幸福是一种能力

第二章 你的选择里隐藏着你的格局

第三章 拆掉思维里的墙

目录 CONTENTS

第四章 你的努力一定要配得上你的梦想

第五章 成功的人懂得熬，失败的人懂得逃

第六章 成大事者必有坚韧不拔之志

第七章

逆境中 方显英雄本色

第一章

幸福是一种能力

昨天的幸福可以回味，明日的幸福可以期待，

所以我们千万不要花太多的心思去缅怀过去或是苛求未来，

而要专心地把全部的精力和时间用在把握今天的幸福之上，

要努力地去追求属于我们的幸福，勇敢地抓住眼前的幸福，

一定不能让幸福如时光般悄悄地流走。

是否能得到幸福是能力的体现

幸福是一门生活科学，更是一种生存能力。获取幸福的方法有很多，但并不是每一个人都能够收获幸福，它需要一定的技术，只有充分发挥自我的才能才会赢得幸福。

道格拉斯·斐杰斯曾说过：“真正的幸福包含了一个人能力与天资的完全运用。”是的，真正的幸福，是一个人能力的体现，是自我的一种修养，是任何人也拿不走的。而且，幸福也无处不在，只看你能不能发现，懂不懂珍惜，会不会运用罢了。

有一个人，她时刻让自己内心充满自信，遇到问题时不断地鼓励自己勇敢地面对，并且积极地从内心深处去寻找幸福的感觉，运用自己的能力和天资去开创属于自己的事业，所以她的生活变得阳光灿烂、无限精彩。

她就是香港女艺人蔡少芬。

1991 年，17 岁的蔡少芬参加香港小姐竞选获得季军而签约香港电视广播有限公司，正式踏入香港娱乐圈，并于 1992 年出演了

第一部电视剧《极度空灵》，拉开了自己演艺生涯的序幕。

1993 年，蔡少芬因饰演古装剧《魔刀侠情》的女一号而被广大香港观众记住，不过并未走红。她真正走红是在 1994 年之后。那一年，她在由梁羽生的经典小说《白发魔女传》改编的同名电视剧中饰演女一号练霓裳，加深了香港观众对她的认识。之后，她在古装喜剧电影《九品芝麻官之白面包青天》中饰演一名青楼女子如烟，出色的表演得到了广大香港观众的肯定。

1998 年，一直勤勤恳恳的蔡少芬凭借在电视剧《妙手仁心》中分饰的两个重要角色获得了万千星辉颁奖典礼的最佳女主角奖。2000 年，又与香港演员宣萱、陈慧珊、郭可盈一同被誉为 TVB“四大花旦”。从那以后，她的演艺事业发展得红红火火，出演了多部极具影响力的电视剧，并且将演艺事业的发展重心转移到了内地，出演了收视率极高的《水月洞天》《神鬼八阵图》等多部电视剧。可以说，蔡少芬已经从香港红到了内地。

2011 年，蔡少芬演技大爆发，将《甄嬛传》中的皇后一角演得惟妙惟肖，可以说，这部剧将她的演艺事业推向了巅峰。她一夜之间红遍祖国的大江南北，人们一定以为蔡少芬星途平顺，她的情感生活也熠熠生辉，其实不然。

蔡少芬很小的时候，父母就离异了，母亲好赌，她入行之后就拼命地拍戏赚钱为母亲还赌债，但是不管她怎样节衣缩食都不够还。这时，她遇到了生命中的第一个男人——富商刘銮雄。刘銮雄替她母亲还清了赌债，对她也颇为用心，蔡少芬便芳心暗许，可是两人的感情只维持了一段时间便无疾而终。之后，她在拍电影《还我情心》时与台湾“小虎队”组合中的“霹雳虎”吴奇隆擦出爱的火花，两人相恋了 3 年之后又因“性格不合”而分手。

两段失败的恋情，使蔡少芬很受伤，她开始有些迷茫，感觉幸福似乎离自己有些遥远，她真的不知道自己何时才能遇到一个懂她爱她，能让她托付终生的男人。后来，蔡少芬在拍电视剧《水月洞天》时认识了剧组里既是演员又是武术指导的张晋。张晋的出现，使她又看到了幸福的曙光。

张晋在剧组里很照顾蔡少芬，常常自愿充当她的保镖在拍戏之余陪她外出转转。随着两人的接触不断增多，蔡少芬慢慢地了解了张晋，对他凭着自己“武术高手”的出色才华从一个幕后的武术指导转到幕前做演员表示敬佩，然后悄悄地对他动了心。在她 30 岁生日那天，蔡少芬只约了张晋一个人陪她过。其间，蔡少芬弱弱地问他，可不可以做她一辈子的保镖，早就在心底默默地恋着蔡少芬的张晋自然是满口答应了，两人因此开始了长达 5 年的“地下情”。

2007 年 10 月，蔡少芬拍戏时弄伤了声带要做手术，张晋无微不至地在她病床前照顾，这使蔡少芬十分感动，在跟张晋商量了之后给媒体发了一份《婚姻宣言》，正式对外宣布她跟张晋的婚讯。

当时，蔡少芬已经是一个红透半边天的女明星，而张晋却是一个寂寂无闻的小演员，一些媒体说张晋只不过是个穷武师，根本就配不上蔡少芬。可是蔡少芬却说，这辈子，遇到一个如此懂自己，爱自己，悉心照顾自己的男人不容易，不管两人之间的差距有多大，只要两个人真心相爱，就一定可以创造出一个幸福美满的小家庭，快乐也一定会相伴在他们左右的。

蔡少芬亲笔写下了《婚姻宣言》将她跟张晋喜结连理的消息公之于世。如今，两人育有两个可爱的女儿，蔡少芬难掩自己的幸福感，时不时在微博或是电视节目上“炫夫”，大赞自己的老公最棒，最后落得个“炫夫狂魔”的称号。其实，她炫的不是夫，而是对另一半的欣赏和信任，是对自己幸福生活的一种快乐享受。无疑，这给当初唱衰他们婚姻的媒体一记响亮的耳光。

追求个人的幸福是天经地义之事，只是这条路崎岖坎坷，需要我们经历一个酸甜苦辣的过程和接受风霜雨雪的历练。

幸福是一门生活科学，更是一种生存能力。获取幸福的方法有很多，但并不是每一个人都能够收获幸福，它需要一定的技术，只有充分发挥自我的才能才会赢得幸福。

不必羡慕别人的幸福

每个人的幸福都不尽相同，我们不需要去羡慕他人，也不需要向他人展示自我的幸福，只要过好自己的生活就行。

每个人的幸福会因人、因时、因境之不同而不同，而且，每个人对幸福的理解也不尽相同。我们犯不着去羡慕别人的幸福，犯不着去抱怨自己不及别人幸福，更不必去追求别人所拥有的幸福，我们只要用自己勤劳的双手和辛勤的汗水，用真挚的爱去赢取属于自己的幸福即可。

她，是一个事业和家庭双丰收的幸福女人。

她，叱咤风云，是香港最会赚钱，也最富有的女人之一。

她，大器晚成，40 岁以财经小说创始人的身份风靡华语娱乐圈。

她，运筹帷幄，一人分饰作家、商人、家庭主妇三角，用有限的生命诠释着无限快乐的幸福人生。

她，就是 20 世纪风靡华语阅读圈的出版字数超过千万的香港知名女作家，香港商界和出版界事业有成的女强人——勤 + 缘媒体服务公司行政总裁梁凤仪。

梁凤仪 1949 年 1 月 17 日生于香港，曾在香港和英美等地读过文学、哲学、图书馆学及戏剧学，获得了香港中文大学的博士学位。

1972 年到 1974 年，梁凤仪一直在外漂泊，先是在英国伦敦居住了两年，在此期间以家庭主妇为正职，同时在伦敦大学当图书馆助理半工半读修读图书馆学。之后她去了美国，为了生计，去了一家中国餐馆打工，每周工作 7 天，每天工作 18 小时，真是累得无以言表。尽管那几年很忙很累，活得也很辛苦，但是她依然觉得自己是幸福的，因为她一直在接受着生活的考验，接受着艰难与痛苦的磨练，一直在培养着自己吃苦耐劳的精神，这为她日后一人分饰三角打下了坚实的基础。

1975 年，梁凤仪选择了回港生活，到了新创办的佳艺电视去做编剧及戏剧制作人。做了一段时间之后，家庭经济条件并没有得到改善。最后，经过认真的思考和分析，梁凤仪得出了这么一个结论：要巩固家庭的经济基础，绝不能靠家里所有的成员都以雇员的身份去赚取薪金，一定要有成员出去创业。所以，在 1977 年的时候，梁凤仪创办了碧利菲佣公司，为香港家庭引进菲律宾女佣，这成为香港社会史上一个非常重要的创举。

许多商界人士对她的商业头脑和市场眼光表示肯定，梁凤仪借由这个起点，开始向她的创业人生发起了猛攻。之后，她抓住了一个难得的商业机遇，在 1985 年的时候成为香港联合交易所国际事务部的首选负责人。1986 年起，她慢慢开始利用业余时间为香港报章撰写专栏，初涉文学领域。可是，好景不长，1988 年的时候，她的事业和婚姻都开始走下坡路，她跟丈夫终究还是过不下去而离了婚。在最无助最无奈的时候，她遇到了现任丈夫黄宜宏，在与黄宜宏先生共同“书写”了一个浪漫甜美的爱情故事的同时，成为黄宜宏家族旗下永固纸业的一名董事。

婚姻稳定了，梁凤仪便一心抓事业。1989 年，香港回归祖国的步伐慢慢逼近，政经界风起云涌，一直处于商圈之中的梁凤仪本身就是编剧出身，于是她瞄准了这个时机，以财经为题材进行小说创作，很快便正式推出自己的第一部财经小说《尽在不言中》。此后的三四年间，她奋笔疾书出版了 50 部作品，顺利跻身香港三大畅销书作家行列。

1991 年，在自己的写作事业正红火之时，梁凤仪又成立了香港勤 + 缘出版社，亲任董事长和总经理。该出版社建社不到 4 年的时间，便一跃成为香港营业额最高的出版社之一，之后还在香港上了市。1992 年，梁凤仪将她的《醉红尘》《花魁劫》《豪门惊梦》等三部长篇财经小说交给人民文学出版社出版发行，几乎是一夜之间，她便红遍了整个中国。

尽管人们所熟知的梁凤仪是个畅销书作家，但是梁凤仪坦言与写作比起来，自己更喜欢商人身份，她评价自己是“九流作家，一流商人”。所以，她曾一度对外宣布封笔 10 年，只专心经商。不知多少读者为之心碎不已，很多读者呼吁她快些回归文学界，再出新作。可是，身兼三职的梁凤仪说，她最快乐的事，不是写作，也不是经商，而是做一个简简单单的家庭主妇。

为什么她会对“家庭主妇”如此情有独钟呢？因为她有过一次失败的婚姻，为此吸取了教训，承认了错误，也改进了自己，所以现在的她才能够拥有一个非常幸福快乐的家庭。

幸福是一份从容，一份走过艰难困苦的从容；幸福是一种姿态，一种透析人生苦短的姿态；幸福更是一种收获，一种付出了耕耘的收获。

幸福，是人们心中的一份禅意，它只对自己认真，只对自己负责，且它会因每个人不同的生存境遇而有所差别。

所以，每个人的幸福都不尽相同，我们不需要去羡慕他人，也不需要向他人展示自我的幸福，只要过好自己的生活就行。

幸福掌握在自己手中

幸福是一个持续的过程，它每时每刻都存在。但它需要用勤劳的双手去创造，用心去感受。只要我们一如既往地为自己的人生理想和人生追求而努力，做好自己应该做的、能做的以及要做的事，幸福就自然会伴随在我们左右。

古希腊哲学家亚里士多德曾经说过：“幸福是我们一切行为的终极目标，我们做所有的事情其实都是手段。”是的，人这一生，不断地奋勇向前，不断地攀爬知识或事业的高峰，其最终的目的就是要得到幸福。

幸福是一个持续的过程，它每时每刻都存在。但它需要用勤劳的双手去创造，用心去感受。只要我们一如既往地为自己的人生理想和人生追求而努力，做好自己应该做的、能做的以及要做的事，幸福就自然会伴随在我们左右。

严歌苓，就是一个幸福感随行的女子。

严歌苓，美籍华人，21 世纪美国著名的中英文作家，好莱坞的专业编剧。她创作了很多文学作品，其中，最引人关注的是她以自己跟外交官丈夫劳伦斯相爱而被美国联邦调查局“搅局”的爱情故事为题材而创作的长篇小说《无出路咖啡馆》。

1957 年，严歌苓出生于上海。12 岁时考入成都军区，成为一名跳红色芭蕾舞的文艺兵。15 岁的时候她深深地爱上了一位年轻的军官，没想到那位军官在该承担责任的时候成了逃兵出卖了她。在那个封闭的年代，她因此被扣上了不道德的“诱惑者”的帽子，遭到了众人的唾骂和批斗。起初她受不了这样的侮辱，差点就饮恨自杀。后来她慢慢想通了，幸福是要靠自己争取的，幸福是完全掌握在自己手中的。所以她坚强地承受住了这种人性扭曲的挤压，勇敢地将悲愤化为力量，努力将自己的创作才华无限地“发酵”，创作了一些舞蹈大纲和歌词，在艺术领域里找到了自己新的人生和新的幸福源泉。

1979 年，20 岁的严歌苓主动请缨以战地记者的身份赴前线，近距离地感受到了死亡的气息，这使她更加珍惜生命，更加渴求幸福。之后，她调到铁道兵政治部担任创作员，丰富的军旅生涯为她提供了源源不断的创作素材。25 岁退伍的时候，她创作的长篇小说《雌性的草地》及短篇小说《天浴》和《少女小渔》获得了文艺界的一致好评，她也因这几部作品声名大震。

严歌苓的第一段姻缘是因为写作而产生的。她跟著名作家李准之子李克威有相同的家庭背景和创作背景，随着共同语言的不断增多，两人相恋并结婚了。后因工作原因，两人分居两个国家，最后不得不忍痛分开。初离婚的日子，严歌苓活得非常艰难，不仅身体上疲累，精神上也备受折磨。白天她忙于创作和打工赚钱，晚上却总是难以入睡，常常要靠服安眠药才能睡着。她的朋友见她日渐消瘦，心疼不已，故张罗着给她介绍一个能够让她依靠的男子。当时严歌苓因初婚失败而对男性和婚姻都有所抗拒，所以只是抱着试试看的心态接受朋友“相亲”的安排。

严歌苓与她现任丈夫劳伦斯·沃克——一位美国外交官的初次见面是在朋友家中。当时严歌苓只是冲他礼貌地笑笑，没想到对方却向她伸出手来，出于礼貌，她伸出手与之相握，没想到这一握，她竟然握住了幸福，握住了美满婚姻。

劳伦斯是个见识广博之人，跟严歌苓约会，他是花了不少心思的，他常常会带她去各种博物馆参观，从艺术到科技，从天文到历史，侃侃而谈，这让严歌苓十分敬佩和欢喜，失败的婚姻给她心灵留下的伤痕就这样渐渐被博学体贴的劳伦斯给抚平了。跟劳伦斯在一起，严歌苓多年来劳顿漂泊的心终于找到了一个停靠的港湾。

但由于劳伦斯外交官的特殊身份，美国联邦调查局介入了两人的恋爱关系，FBI 调查员两次约见严歌苓，且要求她做一次测谎试验。严歌苓对此感到十分委屈，打电话向劳伦斯抱怨，第二天劳伦斯就飞到了芝加哥，拉着她的手深情地对她说：“没有玫瑰，我以我的心为信物，向你求婚，我要实现我的诺言，给自己最爱的人撑起一生的幸福！”

然而，求婚成功的劳伦斯向上级递交与严歌苓结婚的申请时，由于美国在冷战时期建有“美国外交官不允许跟共产党国家的人结婚”这一规章，故美国国务院让劳伦斯在外交官职位和严歌苓之间做一个选择。一边是前途无量的事业，一边是真心以对的爱人，看似艰难的选择题，劳伦斯却轻松地交出了满意的答卷，他毅然选择了严歌苓。

1992 年秋，劳伦斯和严歌苓终于在旧金山喜结良缘。因为曾做过外交官，精通 9 国语言，所以劳伦斯很快便找到了新的工作，这让严歌苓倍感欣慰。婚后的严歌苓继续自己的文学创作，不仅年年都有作品出版，还成为我国文学界的“获奖专业户”——《扶桑》获台湾“联合报文学奖长篇小说奖”，《人寰》获台湾中国时报“百万长篇小说奖”以及上海文学奖等，她也因此跻身华裔当红女作家行列。1993 年，知名导演李安还购买了她的小说《少女小渔》的电影版权，此后她的编剧之路是越走越顺。

2004 年，由于美国国务院的政策松动，劳伦斯得以复职做回了外交官，身为外交官夫人的严歌苓便随着丈夫到世界各地工作、游历，这为她增添了不少创作素材。2009 年 11 月，她最新创作的长篇小说《寄居者》一出版便大卖，使她迎来了自己文学创作事业的又一个高峰。2016 年，严歌苓再推出倾情力作《舞男》，又引起广大读者的好评，电影版权也已顺利签出，电影正在筹备拍摄当中。

“我和劳伦斯生活得非常幸福，他做他的工作，我写我的书。”严歌苓对目前的生活状态表示非常满意。不过大家都知道，她不是一出生就幸福感爆满的，她的一生并不是一直都平顺的，她经历过大风大浪，遭受到失败婚姻的重创，曾经在爱与恨之间游走，不过她始终将自己的幸福紧紧地拽在手里，紧紧地，紧紧地……

人的终极目标是幸福，幸福其实一直都掌握在我们自己手中。我们每一天都会走在去往幸福的路上，每一天所做的事也都将会是幸福的。人生会有终点，但是幸福却没有。愿天下所有的朋友都能够幸福快乐地度过一生。

时刻拥有幸福感才能乐享人生

幸福不是别人的评论，它不过是自己内心的一种感觉罢了。其实我们每一个人都不缺幸福，缺的不过是一双发现幸福的眼睛，一份对幸福的关注，一颗感受幸福的心而已。人只有时刻拥有幸福感，才能乐享人生的美好。

在一片风景优美的海滩上，有一个超级富豪坐在大大的太阳伞下，一边品着美味的红酒，一边欣赏着海上的无限风光，不知道多惬意啊！

不知道什么时候，一位衣着朴素的中年男子偕着妻儿在超级富豪旁边支起了一把大伞，一家三口在伞下尽情地吃着简单的便当，喝着几块钱一瓶的矿泉水，但笑声不断。

待中年男子的妻子带着儿子下水嬉戏时，超级富豪主动跟独自留守伞下的中年男子聊起来。这位中年男子只不过是一名普通的工人，在一个小城市里打拼，平日里生活压力不小，可是每年暑假他还是会拿出辛苦攒下来的钱带着妻儿去旅游一趟，今年他们选择了这座小岛休闲游。

超级富豪对于中年男子的做法难以理解，他觉得中年男子现在还处在打天下的阶段，不应该把血汗钱花在享乐上，为了今后的幸福，应该多去赚些钱存起来。可是中年男子却问超级富豪："现在不乐享人生的美好，要什么时候再享呢？难道要等到真正事业有成了经济条件雄厚了头发花白了子女长大了才独自去乐享人生吗？那样才会有幸福感吗？"

中年男子的这几个问题算是把超级富豪给问倒了。此时的他，家财万贯，可是他已到了花甲之年，子女也已经长大，且个个都忙得不可开交，别说是陪他旅游了，就连回家陪他吃一餐饭的时间几乎都没有。过去的那十几二十年，他因为忙着创业，忙着打江山，完全忽略了家庭，忽略了享受生活，根本没任何幸福感可言。

"或许在你看来，我们家的经济条件并不算宽裕，享受一家三口的阳光之旅似乎是一种奢侈的行为，但是我觉得人生何其短暂，我们生来就是为了追求人生的美好的。我觉得我们这样生活挺好的啊，该忙碌的时候忙碌，该休闲的时候休闲，不管我们人在哪里，做什么，我们的幸福感都是满满当当的。这样的生活真是太美好了，我愿意一直这么美好地生活下去。"中年男子说出了许多人的心声。

幸福不是别人的评论，它只不过是自己内心的一种感觉罢了。人只有时刻拥有幸福感，才能乐享人生的美好。其实，我们每一个人都不缺幸福，缺的不过是一双发现幸福的眼睛，一份对幸福的关注，一颗感受幸福的心而已。幸福不仅仅是一种感觉，更是一种心态。快乐随心定，幸福由心生，自己觉得自己是幸福的，就足够了。

曾任中央政治局委员、国务院副总理，有“中国铁娘子”之称的吴仪，以对国家和民族的高度责任心赢得了世界人民的尊重，赢得了我国人民的崇高敬意，她也因此被誉为“全球最有影响力的女性”之一。她毕生都没有结婚，没有相爱的人陪伴，但是她从未缺乏幸福感，她一直认为自己是个幸福的女人。

吴仪 1938 年 11 月生于湖北武汉，1962 年由北京石油学院石油炼制系炼油工程专业毕业后参加工作。“我从没想到要投身政治，只想做个企业家。”吴仪一直都想做个企业家，为此她十分卖力地工作，寻找着合适的时机实现梦想。但是当时的社会大环境并未给她做企业家的机会，反而一步步地把她往政坛推。

吴仪毕业之后先是在兰州炼油厂做技术员，后在政治部办公室做干事。通过多年的努力，她从技术员升到了副总工程师，然后再到副厂长，之后又到北京燕山石油化工公司任副经理、党委书记。

1988 年，50 岁的她凭着几十年的热情和干劲，得到了组织的信任，得以担任北京市的副市长。她这个一心想当企业家的“从男人堆里干出来”的女人，为了适应当时的大环境，为了回报祖国和人民对她的信任，毅然改变了自己最初的想法，无怨无悔地加入了政治家的行列。

任北京市副市长的最初几个月，吴仪根本就顾不上回家，为了了解企业的经营发展状况，她遍访 30 多家企业；1991 年，她入主外经贸部，经常出访海外，从早忙到晚，有时甚至连吃饭的时间都没有，仅靠一包泡面便解决一餐。不过当时大家对这个素有“拼命三娘”之称的副市长还不是很熟悉，全国人民甚至全世界人民熟识她，是在国际谈判桌上。

1991 年 4 月，时任对外经贸部副部长的吴仪，临危受命以替补的身份参加中美知识产权谈判。一开场，美国贸易代表便十分嚣张地说他们是在跟小偷谈判，吴仪闻言后面不改色地用犀利的语言还击道:“我是在跟强盗谈判，请看你们博物馆里的展品，有多少是从中国抢来的？”正是这机智、干练又不失强硬的谈判智慧和谈判态度，使她赢得了“中国铁娘子”的美誉。

2003 年，刚当选为副总理的吴仪，在 SARS 疫情肆虐神州时再次临危受命兼任卫生部部长，当天便随温家宝总理去考察北京

“非典”防疫情况，即刻奋战在抗击疫情的第一线。在她的组织和安排下，抗击“非典”的“雷霆行动”迅速展开，有效地遏制了疫情的蔓延。吴仪超乎常人的能力使她不断地被拉去充当“救火队”，不论是盗版蔓延，还是食品、药品安全出了问题，中央必然会将她派往第一线委以重任。

“我不是独身主义者，只是生活没赋予我这个机会。我没谈过恋爱，至今还没有一个人能闯进我的生活。”或许是因为公务太忙吧，吴仪错过了最佳的结婚年龄。2008 年，当她以 69 岁高龄正式淡出我国政治舞台之时，依然是孑然一身。不过，她并未因此觉得自己不幸福，她将自己最美的年华贡献给了祖国和人民，将自己毕生最大的热情交给了为老百姓谋福利的工作，她觉得自己每一天都幸福感爆棚，她觉得自己每一天都在乐享人生的美好，因为祖国和人民需要她，她也为祖国和人民做出了自己应有的贡献。

幸福不是在别人的嘴巴里，也不是在别人的眼睛里，而是紧紧地握在自己的手里，藏在自己的心里。只要心中时刻充满幸福感，不管拥有了什么，失去了什么，能做什么，不能做什么，都会觉得自己正幸福地活着，快乐地活着，都会觉得自己是在享受美好的人生，体味美满的人生。

苛求未来不如把握好当下

昨天的幸福可以回味，明日的幸福可以期待，所以我们千万不要花太多的心思去缅怀过去或是苛求未来，而要专心地把全部的精力和时间用在把握今天的幸福上，要努力地去追求属于我们的幸福，勇敢地抓住眼前的幸福，一定不能让幸福如时光般悄悄地流走。

人终其一生就是为了寻找幸福。昨天的幸福，已然从我们的生命中流走了，明天的幸福，是个未知数，我们与其将时间花在苛求未来的幸福上，不如好好地把握和珍惜当下的幸福，决不能让遗憾和悔恨伴随自己的一生。

我国台湾著名的女演员徐熙媛，就是一个极为珍惜当下幸福，绝不让自己与幸福的人生背道而驰的美貌与智慧并存的知性女子。

毕业于华冈艺校戏剧科的徐熙媛，十几岁就进入台湾娱乐圈，与妹妹徐熙娣组成“SOS”组合发行唱片，一直处于半红不紫的状态。在出版了数张专辑之后，由于艺名著作权和经纪合约问题被迫禁止出版有声品，姐妹俩因此转战台湾主持界。她俩首次主持的节目是八大电视 GTV 综合台的《娱乐百分百》。虽然该节目的收视率不低，徐熙媛还是没有大红大紫。2000 年，徐熙媛参演台湾偶像剧《流星花园》，因饰演剧中的“杉菜”一角一夜爆红，还凭借该电视剧入围金钟奖最佳女主角奖。

身为演员的徐熙媛，对于皮肤的保养和美容颇有心得，在拍戏和主持之余写了《美容大王》一书。该书上市两周就再版了 7 次，销量高达 10 万本，这让她迅速跻身百万畅销书女作家行列。

像徐熙媛这样，玩转娱乐圈和文学圈的女明星，追她的有识之士数不胜数，但是她独独看上了在拍摄《流星花园》时结识的帅气男演员蓝正龙。两人相恋了五年，最终徐熙媛发现他不是自己可以携手走一辈子的那个人，所以忍痛做出了分手的决定。后来，她与无话不谈的好友周渝民传出“姐弟恋”的消息，但两人的恋爱关系维持了三年之后还是画上了终止符。

事业发展得如日中天，但是在感情方面，徐熙媛可谓一路坎坷。她一度以为自己这辈子就这么孤单地过了，没想到 2010 年 9 月 30 日，她在朋友的生日会上认识了被称为“京城四少”之一的“俏江南”的少东家汪小菲，两人似乎是一见钟情，很快便确立了恋爱关系。之后，他们速战速决，在认识 49 天之后便注册结婚，实在是太让人震惊了。

有媒体是这么猜测的，他们说徐熙媛已然到了奔四的年龄，是需要成个家生个孩子了，所以一旦遇到一个条件不错的，就赶紧嫁了。确实，汪小菲长得帅又年轻，还是个不折不扣的“富二代”，这等好条件的男人，让急于结婚的大龄“剩女”徐熙媛给遇到了，自然紧抓不放，为免夜长梦多，就早早地把手续给办了，以了却一件人生大事。但是，大家还是很担心徐熙媛，她比汪小菲大 5 岁，两人的生活背景大大不同，他们在并未深入地了解对方之时便急急地跳进“围城”，是不是太冒险了？可徐熙媛却不认为这是冒险，她觉得遇到了对的人，就要赶紧“抓住当下的幸福”，不能让幸福悄悄地从身边溜走。

后来几年发生的事，证明了徐熙媛抢抓当下的幸福是绝对正确的选择。

2011 年 3 月 22 日，徐熙媛与汪小菲在海南三亚举行了豪华的海岸婚礼。由于徐熙媛披上婚纱出嫁之时已经 35 岁了，所以闪婚后的她很想要个孩子，欲以一个新生命的降生来维持两人和谐稳定的婚姻关系。然而，由于身体的原因，婚后一两年徐熙媛都未曾对外公布“好孕”的消息。

大家都知道，徐熙媛为了保持体态的优美，常年保持吃素的习惯，加上她对美容保养的研究已经到了痴狂的地步，所以导致身体出了一些状况。有媒体报道说，医生已经给她判了“死刑”，其生殖功能失调可能导致永远无法怀孕，且恐怕连人工受孕也不适合做。她的婆婆张兰因此逼迫儿子汪小菲与她离婚。

为了实现做母亲的愿望，为了经营这段来之不易的婚姻，徐熙媛宣布全面退出娱乐圈，专心在家照顾丈夫的饮食起居和调理自己的身体，而且还改变自己多年来吃素的饮食习惯，以求早日怀孕。徐熙媛真诚的付出，终究得到命运的眷顾，在婚后的第三年，即 2014 年，她顺利生下一个小公主，一家两口变成了一家三口，幸福之感满溢心间，快乐之情大肆延续。

2015 年底，徐熙媛再爆幸福喜事，成功怀上二胎宝宝。然而，2016 年 5 月她临盆之时，因体力不支和腹部绞痛，加上又对止痛药物过敏，所以出现昏迷和瞬间缺氧的症状，经过两次急救和一晚 ICU 的观察才无大碍。经历这次生子之痛的徐熙媛，对幸福有了更加深刻的认识，她表示，今后的她会更加地感恩，更加地珍惜“儿女成双”“婚姻美满”的幸福人生。

人人都渴望获得幸福，但并不是人人都能够幸运地与其相拥的。因为幸福看起来很抽象，有时会让人觉得很遥远，但是有时它又近在咫尺。它就像是长了翅膀一样，随时都有可能与你擦肩而过。

昨天的幸福可以回味，明日的幸福可以期待，所以我们千万不要花太多的心思去缅怀过去或是苛求未来，而要专心地把全部的精力和时间用在把握今天的幸福上，要努力地去追求属于我们的幸福，勇敢地抓住眼前的幸福，一定不能让幸福如时光般悄悄流走。

幸福是靠勤奋创造出来的

人世间的一切美好都来自辛勤的劳作，人世间的一切幸福也都是靠辛勤劳动创造的。没有人能够随随便便成功，也没有人能够随便获得幸福。你若想拥有一个灿烂辉煌的人生，拥有一份幸福美好的生活，你就一定要勤奋刻苦，努力钻研……

劳动是财富的源泉，也是幸福的源泉。劳动创造了世界，成就了梦想，也创造了幸福人生。

“你只闻到我的香水，却没看到我的汗水；你有你的规则，我有我的选择；你否定我的现在，我决定我的未来；你嘲笑我一无所有不配去爱，我可怜你总是等待；你可以轻视我们的年轻，我们会证明这是谁的时代。梦想，是注定孤独的旅行，路上少不了质疑和嘲笑，但，那又怎样？哪怕遍体鳞伤，也要活得漂亮。”说这话的是一个年纪轻轻身家就超过十亿的上市公司的 CEO——“创一代”陈欧。

陈欧 1983 年生于四川省德阳市。他一直以来都很聪明，从小就不断地参加各种比赛，获得了各种奖项，16 岁的时候就拿到全额奖学金去了新加坡南洋理工大学留学。

陈欧大学时学的是计算机，那时的他依然喜欢参加比赛，不过经常参加的是游戏比赛。陈欧在游戏比赛中发现了商机，与师弟刘辉共同创办了 GG 电竞平台，打造出了全球领先的在线游戏平台 GGgame。GGgame 一经推出，就吸引了大量的游戏玩家，很快便成为除中国之外最大的游戏对战平台之一。

尽管在陈欧的管理之下，GGgame 发展得还不错，但是陈欧想有更大的发展，便去了斯坦福大学读 MBA 以扩充自己的知识储备。2008 年，因发现公司的经营理念与自己的不太合拍，陈欧果断退出了 GG 电竞平台，当时的他只有 25 岁，但那时他已经跻身千万富翁行列了。

2009 年 7 月，陈欧从斯坦福大学毕业回国，与他在留学期间结识的伙伴戴雨森以及另外一个朋友刘辉组成了创业团队，开始了他的第二次创业。

陈欧曾于 2007 年 7 月为他的创业项目融资找过真格天使投资人徐小平，当时徐小平答应了投资他的在线游戏平台 GGgame，不过最终没合作成功。这一次，当陈欧拿着新的项目找到徐小平时，徐小平当即就投资 18 万美元，同时还低价租给陈欧的团队一套房子作为办公场地。

这一次创业，陈欧选择的依然是游戏行业，成立了一家名为Reemake的公司，主要经营在社交游戏中内置广告的项目。可惜，陈欧将国外的那种经营模式搬到中国来完全行不通，Reemake存活了几个月就不行了。

陈欧从这次失败的创业经历中总结出了一些经验教训，那就是务必立足中国的实际环境，务必针对中国这个独特的市场来选取新的创业项目，不能再照搬照抄国外的创业模式。为了让公司更好地生存下去，陈欧把触角伸向了化妆品团购业务，他认为女性化妆品的市场比较广阔，于是，2010年3月31日，聚美优品的雏形“团美网”作为中国首家专业女性团购网站正式上线。

广大女性消费者对于在线上购买化妆品信心不足，不仅仅是因为线上化妆品行业没有领头羊，同时也是因为对化妆品电商有一种天然的不信任感，不止担心网购产品的质量问题，还担心售后问题。在实体店购物，起码可以看一看摸一摸试一试，如果中意了买回来了发现有质量问题还可以直接拿去退换货，但是网购只不过靠一根网线将商家和客户联系起来，无法亲身试用，就算商家上了图，也很可能是效果图，所以网购的风险要比实体店购物的风险高很多。陈欧考虑到了这一点，狠抓团美网的售前和售后服务，争取新客户和留住老客户同步进行，以一流的售后服务赢得了众多女性消费者的好评，加上团美网上线之初便树立了正品平价的形象，故在短时间内便取得了飞速的发展。

2010 年 9 月 9 日，团美网更名为聚美优品，开始正式启用顶级域名，跃身成为国内领先的女性时尚限时折扣购物平台。2011 年 3 月，公司成立不到一年，总销售额就已突破 1.5 亿元。聚美优品真正被推向化妆品电商顶峰的是陈欧自己为聚美优品做代言，发布了《我为自己代言》的广告，迅速为聚美优品打响了知名度。2014 年 5 月 16 日，聚美优品还在美国纽交所正式挂牌交易，市值超过 35 亿美元，他手上所持的股份市值超过 11 亿美元。

有人是这么评价陈欧的："明星般的颜值，学霸型的大脑，金灿灿的海外名校背景，百亿计的个人不菲身价……"是的，在大家看来，大器早成的陈欧拥有同时代人难以企及的幸福与尊贵，但是这份幸福，这份尊贵，是靠他勤劳的双手、辛勤的汗水创造出来的。

他一人分饰多角，作为美国纽交所史上最年轻的中国 CEO，努力托起国内最大垂直电商与跨境电商两大平台；作为明星式企业家，不断地参加各种电视节目，在公众和消费者面前保持阳光帅气正能量，为自己的企业代言。

天道酬勤，幸福的生活源自辛勤的劳作，只有辛勤劳作的人，才能够创造出属于自己的一片天空，幸福感才会随之而来；幸福的人生是靠勤奋刻苦创造出来的，只有勤奋刻苦的人，才能描绘出美好的生活蓝图，幸福的味道才会弥漫在他周围。

幸福需要创造条件去实现

每个人都在渴望幸福，每个人都在追求幸福，而每个人也都有享受幸福的权利，但是幸福究竟在哪里呢？幸福，不是天上掉下来的，是要靠自己去争取的；幸福，也不是天生就相随相伴的，是需要人们创造条件去实现的。

收获的季节到了，村里家家户户不是在收割麦子就是在摘棉花，可是有一位农夫却整天无所事事，他什么也没有种，自然一点儿收成也没有。但他又是个超级有梦想的人，他毕生最大的愿望就是过上幸福快乐的生活。所以当他看到邻居在忙着收割麦子，连喝口水的时间几乎都没有时，便走过去问他："你整天这样忙碌，不觉得活得很累吗？这样会幸福吗？"

邻居反问他："大家都种麦子，为什么你不种啊？"

农夫很认真地回答说："我担心天不下雨，收成不好，所以不种。"

邻居就又问他："那你为什么也不种棉花啊？"

农夫摇摇头道："那不是怕虫子把棉花吃掉嘛！"

邻居摇摇头，然后又问他："麦子不种，棉花又不种，那可以种点别的什么啊！不然大家忙的时候你闲着。"

"为了安全起见，什么都不种最保险。"农夫回答说，"正因为你们忙着我闲着才说明我幸福啊！"

可是邻居却说："你什么都不种，什么收成也没有，来年你吃什么啊？难道来年喝西北风就会幸福了？"

是啊，人活着，就是为了获得幸福，但是幸福，不是天上掉下来的，是要靠自己去争取的；幸福，也不是天生就相随相伴的，是需要人们创造条件去实现的。

曾任搜狐总裁兼首席运营官，现任优酷网首席执行官兼总裁的古永锵，就是一个很会创造条件让自己拥有幸福人生的人。

出生于1966年的古永锵，14岁就从香港去了澳洲读书，后来又随父母去了美国，他考了三次加利福尼亚伯克利分校经济学专业才考进去。毕业之后的他还不太知道自己到底适合做什么工作，最后进了贝恩咨询公司工作了三年，每天都能够接触到不同的行业、不同的客户，这对古永锵的职业生涯影响很大。之后，1992年，26岁的他去考了斯坦福大学，毕业之后面临两个选择，一是创业，二是去创投公司。当时的古永锵觉得自己各方面的条件还不够成熟，故最后选择了创投。

1994 年暑期，古永锵到北京大学参加一个培训班时认识了富国投资的创办人，可能是觉得富国投资的各方面条件都比较适合他吧，他便毫不犹豫地留在了北京，留在了富国投资工作。当时古永锵对中文不是特别熟悉，所以一边在富国投资做项目一边吃力地学中文，四五年的时间做了四个项目，其中收购新西兰的皮革企业等三个项目都比较成功，只有一个做得不太好。这让他加深了对中国市场的了解，积累了一些投资圈的人脉，为他后来帮助搜狐融资起到了一定的作用。

1998 年，古永锵开始关注互联网，就是在那个时候他认识了张朝阳。张朝阳当时需要一个人来帮他融资，而那个人，正是古永锵。

古永锵是 1999 年 3 月加盟搜狐公司的。刚加入搜狐时，他专注于做融资，搜狐公司顺利上市之后，他便开始接手运营。仅用了 6 年时间，古永锵就从搜狐高级副总裁兼首席财务官做到总裁兼首席运营官。

在这 6 年时间里，搜狐公司的员工从 100 人发展到 500 人再到 1500 人，业务从亏损到盈利再到规模化盈利，公司从成立到上市再到做大做强，可以说，他对搜狐的发展有不可代替的作用。当然，对他个人的发展来说，也收获颇丰。那几年，关于网络行业的各种情况他都经历过了，积累了丰富的经验和资源，包括团队的组建、融资的完成、伙伴的选择与合作、跟政府部门良好关系的保持等。

然而，谁也没想到，古永锵于 2005 年初选择了离职，而且其后并未即刻利用手上的资源开创属于自己的新公司，而是赴美陪太太读书。很多人对此很不理解。如果说他是为了开创新事业而离职的话，大家必然会鼓掌以示鼓励，但是他却为了陪读而选择放下自己多年辛苦打拼下来的江山，让人觉得这是一个不明智的选择。但是古永锵却默默地坚持着自己的选择，过着自己想过的生活，做着自己想做的事。因为他觉得，自己多年来那么辛苦地工作，积累那么多的财富，就是为了创造条件让自己的家庭成员过得幸福而惬意，所以，他选择在适当的时候退下来，专心做个好丈夫。

不过，在陪读的那段日子里，古永锵并没有放松自己，而是时刻激励着自己一定要找准时机去创一番新事业，创造更好的条件让自己和家人能够更幸福地生活。于是，他充分利用那段看似清闲的时光去理清思绪，去思考今后要走的路和方向，慢慢选定创业目标。

2005 年 11 月，古永锵重出江湖，回归国内互联网界，以 300

万美元启动资金创办了合一网络。有人说，一年的时间做不了什么，但是古永锵却说：一年的时间，足够我打造一家国内数一数二的视频网站了。2006 年 6 月 21 日，合一网络宣布优酷网公测开始，并定位为用户视频分享服务平台，古永锵担任优酷网 CEO 兼首席运营官。

就这样，古永锵利用自己十几年积累下来的经营经验和人脉资源，迅速打造了一颗网络新星，使优酷仅用一年的时间便成为国内视频网站的核心代表。优酷的发展速度之快，真的是太令人瞠目了！“古永锵”这三个字，随着优酷网的风靡慢慢在中国 IT 行业里掷地有声。

2006 年底，优酷完成了 1200 万美元的融资，并于 2010 年 12 月 8 日在美国纽交所上市；2012 年 3 月 11 日，优酷和土豆签订最终协议，将以 100% 换股的方式合并，身为优酷 CEO 的古永锵将出任合并后公司的 CEO；2012 年 8 月 23 日，优酷和土豆正式完成合并，后者为优酷旗下的一家全资子公司，优酷更名为优酷土豆。

优酷这颗网络新星想要找到自己的盈利模式长期地发展下去，还需要做更多的努力，经受更多的考验。不过，古永锵从未害怕过，因为他心中一直有一股强大的力量在支撑着他，那就是创造更好的条件让自己和家人幸福，幸福，再幸福！相信在这个信念的鼓励和推动下，他一定可以战胜任何困难，创造出更多的商业奇迹，活出更美好的人生。

每个人都在渴望幸福，每个人都在追求幸福，而每个人也都有享受幸福的权利，但是幸福究竟在哪里呢？

有人说，幸福是一个谜，一个使人无法感触无法说清的谜。其实这个谜并不难解，只要我们奋发向上，只要我们坚持努力，只要我们勇敢地跋山涉水，勇敢地披荆斩棘，勇敢地跨过泥泞坎坷，就一定能够顺利揭开谜底，让自己的心满载幸福的感觉。因为，我们为解开幸福的谜题所做的一切，都是在创造条件使自己能够真实地感觉到幸福，真切地享受到幸福……

第二章

你的选择里隐藏着你的格局

选择隐藏着格局，很多时候，决定你上限的不是能力而是格局。

你用什么态度去看待世界，你就会得到什么样的世界，

获得什么样的人生。

因为在这个世界上，

一切事情都没有绝对的好与坏，只是你的选择决定了你的人生，

你对待世界的态度影响了你能力的发挥。

你的人生取决于你的态度

人生境遇并没有绝对的好坏之别，祸兮福所倚，福兮祸所伏，你温柔地对待这个世界，这个世界必然温柔地回报你。你若积极乐观地看待人世间的一切，那么无论什么挫折苦难狂风暴雨，都靠近不了你，都消磨不了你的昂扬斗志，你的人生必然会绽放出无限的光彩。

人生在世，态度至关重要。你用怎样的态度去看待世界，就会获得怎样的人生。因为，在这个世界上，一切事情都没有绝对的好与坏，只是你对待世界的态度影响了你的心情，决定了你的人生。祸兮福所倚，福兮祸所伏，我们只要时时保持一颗恬然淡定的心，以一种乐观的心态去看待，人生就会绽放出无比灿烂的光辉。

有个故事，想必大家都听过或是读过。

两个秀才结伴进京赶考。他们快要走到京城的时候，迎面而来的居然是一支出殡的队伍，两人亲眼看到几个壮汉抬着一口大大的棺材从自己身边走过。其中一个秀才觉得遇到这支出殡队伍实在是太糟糕了，他认为棺材是不祥之物，于是心顿时凉了大半截，他的心情也因此坏到了极点，根本就再无信心考取状元。当他耷拉着脑袋唉声叹气地走进考场时，满脑子闪现的都是在他看来极为不祥的棺材，当然也就文思枯竭，写不出半个字来，结果自然是名落孙山了。

而另外那名秀才，看到棺材之后竟然很是兴奋，因为他认为棺材即是升官发财的意思，在赶考路上遇见棺材是多么好的兆头啊！一定是老天爷显灵告诉他这次赶考必然会金榜题名。于是，他怀着必胜的信心愉快地进了考场，文思泉涌，洋洋洒洒地写满了整张试卷，结果当然是金榜题名光宗耀祖了。由此可见，态度和思路对人的影响有多大。

不知道大家有没有听说过“原价销售法”？即以一定的价格买进，然后以同样的价格卖出，在整个销售的过程中，中间商没有赚到一分钱。从表面上来看，这是一种很吃亏的销售方法。其实不然。任何事物都有其两面性，看似不好的，它未必就不好。用这种方法进行销售的终极目标当然也是赚钱，只不过它是欲先赢得消费者的口碑，再利用口碑这种无形资产去赚钱。

最初创造和使用这种方法进行销售的人，是一个一贫如洗的小小店员。他的名字叫岛村芳雄，日本东京岛村产业公司及丸芳物产公司董事长。

岛村芳雄最初到东京闯荡的时候，是在一家包装材料厂做店员，薪金十分微薄，生活过得非常拮据。由于身上常常是只剩下填饱肚子的钱，根本就没有多余的钱去消费，所以他下班之后的空闲时间会在大街上闲晃。别以为他真的是在无所事事地闲晃，他可是在寻找商机呢！

一天，岛村先生下了班之后又像往常一样在街上溜达，突然，街边行人手中的小纸袋吸引了他的目光。这些纸袋并没有什么特别之处，只是商店给顾客装东西用的，不值什么钱，但是岛村先生却从这个小小的纸袋中找到了无限的商机。纸袋上的麻绳提手让他想到了盛产鱼的日本渔民众多，而麻绳是渔民必不可少的生产工具，这样看来，做麻绳批发生意应该会有一定的发展前景。岛村先生一边这么想着，一边开始在脑海里筹划现阶段的他该如何着手去做麻绳批发生意。

岛村先生当时可是一穷二白，经验和资金都不足，想要创业谈何容易？所以碍于自己的现实条件，岛村先生最后由“任何事情都有其两面性”这一原理，想到了一种新的销售方法，即“原价销售法”，欲用这种“先苦后甜”的销售方法在激烈的市场竞争中站稳脚跟。因为，他当时一心想要赚的是口碑和诚信这种无形的资产。

他觉得这个资产日后一定会给他带来无限的商机和利润，只要他肯淡然地面对起初的亏损现象。

于是，岛村先生先是去麻产地冈山的麻绳工厂以 5 角钱的价格大量地买进麻绳，然后按照进货价卖给东京一带的纸袋工厂。这种完全没有半毛钱利润的生意，岛村先生做了一年之后，在东京一带的纸袋工厂中算是有了点名气，大家都知道岛村先生卖的麻绳又便宜又好用。此消息不胫而走，然后就有越来越多的外地人也向他订货，岛村先生的计划算是成功了第一步。

看着订单一日日的增多，岛村先生觉得时机成熟了，就进行计划的第二步。他拿着购货收据去订货商处诉苦，对方得知他一年来都没从麻绳生意上赚到一毛钱利润，被他真诚守信的精神给感动了，故自愿将交货的价格提高 5 分钱，以作为岛村先生的利润收益。

然后，岛村先生又跑到冈山麻绳厂商那里诉苦，说订货单如此多是因为他根本就没任何利润，完全是按照进货价卖给订货商的，若是再这样下去的话，他就只能无奈地宣布破产了。厂商看了岛村先生提供的证据——他开给客户的收据存根，真是无法想象啊，岛村先生居然这样不计利润地做生意，真的是被他的诚信给打动了，也主动把批发麻绳的价格降低 5 分钱，让他能够有钱可赚。

供货商和订货商均主动让岛村先生赚到了 5 分钱的利润，加起来就是 1 毛钱了！加上订单又如雪片般的飞来，岛村先生的生意是越做越红火，利润滚滚而来。两年之后，信誉卓著的岛村先生便跻身富豪之列，成为产业大亨，同时他创造的“原价销售法”也被广泛地推广和使用。

人生如月，盈亏有间，万事万物都没有绝对的好与坏。岛村先生正是看透了这一点，从容面对，泰然处之，才最终使得自己的创业之路越走越顺，事业发展得越来越蓬勃。

俗话说得好，你温柔地对待这个世界，这个世界必然温柔地回报你。同样的道理，你若积极乐观地看待人世间的一切，那么无论什么挫折苦难狂风暴雨，都靠近不了你，都消磨不了你的昂扬斗志，更掩盖不了你身上闪耀的五彩光芒。

所以，我们要认真地对待这个世界，淡然地看待世间万物，肯吃亏，不抱怨，知感恩……

说一尺不如行一寸

说一尺不如行一寸，心动不如行动，再好的愿望也要通过行动来实现，再好的想法也要通过行动来检验。只有及时行动，才能缩短自己与目标之间的距离，才能尽快地将自己的理想变为现实。

俗话说得好：“行动比梦想更接近成功。”是的，说一尺不如行一寸，心动不如行动，再好的愿望也要通过行动来实现，再好的想法也要通过行动来检验。

金山软件公司的董事长，小米科技的CEO雷军，就用自己的创业经历佐证了这句俗语。

雷军1969年出生于湖北仙桃，1987年考上武汉大学计算机系。武汉大学是当时国内最早实施学分制的高等院校之一，只要修完学分就可以毕业。刚上大学的雷军对自己的要求十分严格，选修了不少高年级的课程，所以仅用了两年时间，他就修完了所有的学分并完成了毕业设计。大家别以为雷军大学时代一直在忙着修读学分，其实不然。他想要创业！

想到就要做到！大三的暑假，他和同学王全国、李儒雄等四人一同创办三色公司，公司的主要业务是出售一种仿制金山汉卡的产品。他们之所以将自己第一次尝试创业开办的公司取名为“三色”，是希望红黄蓝三原色能够创造七彩的新世界。

刚开始的时候，四个合伙人租用了一家饭店的一间房作为办公室，大家每天都忙得热火朝天，白天跑市场推销，晚上回办公室做研发，累了就直接躺在办公室里，基本上没什么时间回宿舍。眼看他们的产品算是做得有些起色了，谁知一家规模比较大的公司把他们的产品给盗版了，且出售的价格更低一些，这使三色公司陷入举步维艰的境地，半年之后他们不得不忍痛将公司解散。

尽管这次创业失败了，雷军还是收获很大。在创办三色公司期间，雷军与王全国合作编写了他的第一个正式作品 BITLOK 加密软件，同时还用 PASCAL 编写了“免疫 90”，该产品获得湖北省大学生科技成果一等奖。这为雷军进行下一次创业打下了坚实的基础。

大学毕业之后，因为市场的不景气，雷军暂且放弃了创业的想法，只是单纯地在计算机市场闯荡，什么赚钱就做什么，为自己积累一些人脉和人气。1992 年，他与同事合著了《深入 DOS 编程》一书，之后又广泛涉猎加密软件、杀毒软件、财务软件等各种实用小工具，同时还做过电路板设计，甚至有一段时间还做了“黑客”。

在计算机行业艰难地打拼了几年，雷军和各家电脑公司老板都混熟了，也在“武汉电子一条街”有了一点小小的名气。

这时，有了一些技术储备的雷军觉得自己是时候加入一家比较有发展前景的公司一展拳脚了。所以，1992 年初他正式加盟金山公司，先后出任金山公司北京开发部经理、北京金山软件公司总经理等职务。

金山在 20 世纪 90 年代是我国民资软件的旗帜性企业，可是在 1996 年的时候，由于微软进入中国市场发布了 office 中文版，金山的核心产品 WPS 在微软和盗版的双重打击之下，差一点就关门大吉。然而，27 岁的雷军超级有想法，也十分有行动力，他坚持要做 WPS，故把所有优秀的人才都派去做 WPS。这导致此后金山的词霸、毒霸、游戏，都是为了赚到足够的钱养活 WPS 团队。

雷军是 22 岁进入金山的，在金山足足打拼了 16 个年头，期间完成了金山的 IPO 上市工作。2007 年 12 月，雷军因身体原因，辞去金山 CEO 职务。但他在金山的影响力，一直都存在，故 2011 年的时候，金山软件董事会提名委员会提名雷军出任董事长一职，年过 40 的雷军华丽复出，正式接掌金山软件，创办了小米科技。

初创小米的时候，雷军拒绝接受任何采访，也不对外发布任何消息，全副心思放在如何把产品做好上。但坚持了两个多月之后，他只找到了 100 个用户。可是他还是很感激这 100 位客户，为了感谢他们，公司不仅把他们的名字加到公司的通讯录上，还把他们的名字写到了启动画面里，然后奇迹发生了，大家一传十，十传百，小米手机的用户很快就达到了 1500 万，MIUI 用户甚至超过了 2000 万。这时，他才知道，他一个简单的想法，一个简单的行动，使他找对了人，做对了事，而成就了自己的辉煌人生。

在雷军的带领下，经济实惠的小米手机风靡整个亚洲，他也因此于 2014 年当选《福布斯》亚洲版“2014 年度商业人物”，以 280 亿元财富进入“胡润全球富豪榜”。

万事开始在于心动，但是成功与否全然在于行动。拿破仑曾说过：“行动和速度是制胜的关键。”没错，行动是成功的阶梯，想到了就要立刻去做，因为一次行动胜过千千万万遍的心动。只有及时行动，才能缩短自己与目标之间的距离，才能尽快地将自己的理想变为现实。人也只有在心动之时立刻行动，才有可能先于他人获得幸福，取得胜利，不然只会让人捷足先登，使自己与成功擦肩而过。

越能成大事者越谦卑

谦卑是一种智慧，是制胜的法宝。只有拥有一颗谦卑的心，才能赢得别人的敬仰，拥抱真实的生命，活出自我的精彩。只有怀着一颗谦卑的心，对待生命中的每一份关怀，才能使心灵宁静知行合一，活出和谐的人生。

谦卑是一种姿态，一种内在美的外在表现。人只有具备谦卑的姿态，才能不断地反省自己，不断地改进自己，将自己不成熟不正确不理智的情绪和行为过滤掉，以便更好地去为人处世，展示自己的才华。

谦卑是一种智慧，是制胜的法宝。只有拥有一颗谦卑的心，才能赢得别人的敬仰，拥抱真实的生命，活出自我的精彩。只有怀着一颗谦卑的心，对待生命中的每一份关怀，才能使心灵宁静知行合一，活出和谐的人生。

“郎平”这个名字，想必大家都不陌生吧？尽管她曾是我国排球队著名运动员和教练员，凭借着强劲而精确的扣杀赢得“铁榔头”的绰号，一度被国人竖起大拇指称颂，但是“人走茶凉”，当她去意大利、美国执教之后，即使成绩再辉煌，对于我们中国人来说，意义都不大，大家不再去关注她，不再将她的名字挂在嘴边。

2013 年 4 月 25 日，当中国女排正处于低谷时，郎平临危受命接任中国女排主教练，靠着“一是敢于输球，二是敢于用人，三是敢于尝试”的勇气，用了不到两年的时间，就让中国女排的精神面貌焕然一新且创出了不一般的成绩，于是，她又火了起来，又成为令人称颂的“铁娘子”。

尽管在郎平的领导之下中国女排渐有起色，但成功不是一蹴而就的，在一些比赛中，中国女排也还是输了。对此，郎平是这么说的:“一支年轻球队的成长，不可能不付出代价。孩子们要补的课程太多，我也不是神仙，不可能一瞬间就带领中国女排东山再起。我需要时间，孩子们需要比赛来锻炼和积累。”所以郎平并不介意中国女排输掉不太重要的比赛，而是让队员们在不断地输球当中找到自己的弱点，之后再努力训练加以改善，为 2016 年的里约奥运会做好充分的赢球准备。

“面对国际大赛，如果就那么几名主力一直在打，会被对手研究透彻。何况我们的队员也没有那种绝对实力，主力队员也一样，根本没到那个游刃有余的层面。”郎平认为，中国女排不再是十几个人的队伍，而是一个“大国家队”的概念，所以她非常敢于用人，在中国女排的大名单里至少有 22 人，这样才能根据不同的国际比赛征调不同的队员。

此外，郎平还敢于尝试，起用美国人贝斯当中国女排的体能训练师。贝斯是一个非常出色的体能教练，她安排的体能训练十分有趣，球员们个个都很喜欢接受她的训练。她比较注重节奏感，把每一个球员的各个肌肉群全部训练到位，我们在比赛场上看到的中国女排如此生龙活虎就是她的“杰作”。“引进国外的先进经验和手段为我们中国女排所用，努力地打造一支复合型的团队。”这是郎平国际性的眼光带给她国际性的尝试。事实证明，她的尝试是非常成功的。在 2013 年的世界锦标赛上，全体女排队员在郎平的精妙部署下战斗力瞬间增强。

由于郎平干劲十足，部署得当，使得中国女排事业蒸蒸日上，大家一致认为“铁娘子”这个称号她实至名归，但是郎平却觉得受之有愧，觉得言过其实了。尽管这两年来，她带领的女排经过一定的磨炼取得不少辉煌的成绩，但她认为这完全得益于每个球员自身的努力与拼搏，她最多只起到了监督员的作用罢了。可是谁都不会忘记，郎平在 2015 年女排世界杯比赛时，每日都研究对手到第二天凌晨，然后又忙着做运动员的鼓励工作，忙着现场应战指挥，在终极赛前夜她的腰伤犯了，垫着东西才能直起腰来……这样为中国女排鞠躬尽瘁的女教练，难道还不够格被称为“铁娘子”吗？郎平之所以觉得这个称号言过其实，完全是出于谦卑的心态。此比赛之前，中国女排球员接连受伤，说实话，郎平确实有些担心队员们的伤势会影响她们的发挥，可是没想到，队员们非常争气，一举夺冠，但是她却谦虚地说这是老天的眷顾。

谦卑是一种难能可贵的品质，是一个人建功立业的前提和基础。谦卑的姿态，能让人看到自己的不足，使自己永不自满。谦卑的品格，能使一个人在荣誉面前不骄不躁。

俗语有云：“大海谦卑而纳百川，高山谦卑而聚土石，大地谦卑而生万物，天空谦卑而容日月星辰。”人，只有以谦卑的态度为人处世，才会赢得人心，赢得事业，创出自己的一片开阔天地。

世上没有走不通的路

世界上没有走不通的路，只有想不通的人；世界上没有想不通的事，只有不愿去想的人；世界上没有放不下的事，只有不愿放下的人。凡事不可钻牛角尖，遇事要看开点想远点，心情才能保持愉悦，生活才不会被阴霾所笼罩。

不知道大家有没有听过这样一个故事：

有一棵小橡树，看到花园里的玫瑰花每到夏季都会开出朵朵鲜花，看到果园里的苹果树每到秋季都会结出累累硕果，心里很不是滋味。

玫瑰花明显感觉到了小橡树不开心，于是问它怎么了。小橡树难过地说："看到你们开花的开花，结果的结果，而我，虽然每天都在努力生长，可是一个季节又一个季节过去了，一年又一年过去了，除了长高以外，没半点开花的迹象，更别说是结果了。"

原来小橡树是因为自己开不出花和结不出果而沮丧。当玫瑰花把小橡树伤心难过的事告诉花果园主人之后，主人告诉小橡树，无论它怎样努力也是开不出花，结不出果的，因为它活着的使命是长得高大茂盛，给鸟儿和路人遮蔽风雨。

听罢主人的话，小橡树哭了。一直以来它都有个愿望，那就是开出一朵鲜艳的花和结出一个甜甜的果。可是这个愿望，恐怕这辈子都实现不了了，它不明白，为什么老天爷要这么残忍地对它。

主人安慰它说，每一株植物都有其存在的价值，有的生来是为了开花供人欣赏，有的生来是为了结果让人品尝，也有的只是单纯地长枝长叶。不过不管职责是什么，都是在为这个地球做贡献尽心意。所以，不必羡慕别人的能力，也不必苛求自己，只要做好自己该做的事就好。

是的，凡事不可钻牛角尖，遇事要看开点想远点，心情才能保持愉悦，生活才不会被阴霾所笼罩。

人在生命旅途之中，只有将那些困扰自己束缚自己的东西放下，将那些想不通也道不明的事情放下，才能迈着轻松的步伐前行，才能活出真我的无限精彩，才能创出属于自己的一个新天地。

西班牙服装公司Inditex的创始人阿曼西奥·奥特加，于2015年10月23日首次超越比尔·盖茨成为新晋世界首富。

阿曼西奥·奥特加1936年出生于西班牙西北部贫困的加利西亚地区。他的父亲是一名铁路维修工人，一家五口仅靠父亲每个月三百比塞塔的微薄薪水生活，可想而知，家里经济条件有多差了。

母亲经常为了家里的几个孩子能够填饱肚子而跑去赊账，阿曼西奥·奥特加对此感到非常难受。很多人因为家庭条件差而埋怨老天爷不眷顾自己，但是阿曼西奥·奥特加却没有半句怨言，他告诉自己，世界上没有走不通的路，只有想不通的人，他相信，靠他那双勤劳的手，一定可以改善家里的经济条件。于是，他早早就萌生了要出去赚钱养家的想法。

1944 年，因父亲的工作调动，阿曼西奥·奥特加全家迁往拉科鲁尼亚。阿曼西奥·奥特加的事业就是从拉科鲁尼亚起步的。拉科鲁尼亚是西班牙传统的纺织服装工业中心，在那里可以学习和掌握到时装从设计到加工，再到批发和零售的全套经营流程。阿曼西奥·奥特加利用这个优势，13 岁的时候就辍学去了一家专门给富人制作衬衫的高档裁缝铺当学徒。由于他非常勤奋刻苦，很快便从一个只在城里跑腿送货的小伙计升为裁缝助手，之后更是一步一步地接触到了服装设计的核心领域。

做了裁缝助手之后，阿曼西奥·奥特加慢慢发现了时装界不为人知的秘密：一件衣服从设计到制作，再到摆上商店的货架，这一系列过程都蕴藏着巨大的利润。于是，他开始筹划如何跳过中间商直接将产品卖给消费者以赚取更多的利润。有了创业目标，阿曼西奥·奥特加便更加努力了，只要一逮到机会，定会亲自参与服装设计和制作的整个过程，为自己日后在时装界大展拳脚打基础。

20 世纪 60 年代初，升为部门经理的阿曼西奥·奥特加负责销售一款精致漂亮的女士夹棉睡袍。尽管这种睡袍深受广大女性消费者的青睐，但是因为价格过于昂贵，销售量不尽如人意。阿曼西奥·奥特加觉得若是用价格稍微低廉一些的布料来做类似的睡袍，应该不难占领服装市场。于是，27 岁的阿曼西奥·奥特加在 1963 年的时候创建了一家专门生产物美价廉的睡袍的 ConfeccionesGoa 服装厂。ConfeccionesGoa 服装厂推出的睡袍广受好评，购买者络绎不绝。之后经过 10 年的打拼，ConfeccionesGoa 服装厂不仅拥有自己的设计团队，还由三四个人的家庭小作坊扩张到了超过 500 人的大型服装厂。

然而，受到 20 世纪 70 年代石油危机的影响，ConfeccionesGoa 服装厂的一笔大订单被取消，濒临破产。这个时候，应该是阿曼西奥·奥特加最沮丧的时候，他花了那么多的时间和心思，投放了那么多的资金来搞这个服装厂，结果落得个如此凄惨的下场。他不明白，为什么老天爷那么不待见他。尽管他心中有无限的委屈，但他还是坚信，自己有一双勤劳的手，就一定可以力挽狂澜。

经过一番深思熟虑，他最终决定成立一个零售品牌 ZARA 进行自产自销自救。就这样，全球第一家 ZARA 门店在拉科鲁尼亚最繁华的商业区开业了。ZARA 品牌的服装，因设计时尚且价格适中而广受青年消费者的喜爱，可以说，ZARA 品牌一创立便获得了巨大的成功。

为了 ZARA 这个平民品牌能够长远地发展下去，阿曼西奥・奥特加聘请了 260 多名平民设计师时常出没于全球各大时装发布会寻找创作灵感，同时也派出调查员去收集各种时尚潮流资讯，务求在最短的时间内设计和推出符合人们需求的服装款式。据说 ZARA 品牌的每一款产品从设计到上架只需要短短的 5 个星期，遥遥领先于业内其他公司至少半年以上。阿曼西奥・奥特加也因此被称为“快时尚缔造者”。到了 20 世纪 80 年代，ZARA 品牌的分店已经遍布西班牙，全国共开设了超过 100 家门店。

红遍了全国，只是第一步。之后，阿曼西奥・奥特加带领 ZARA 进军国际市场，于 1988 年在葡萄牙的波尔图开设了第一家国外分店；1989 年在纽约的店铺也开张了。1990 年 ZARA 便攻进了全球时尚之都巴黎的服装市场，将门店开在巴黎最昂贵的地段之一的巴黎歌剧院正对面，和 Chanel、Dior 等国际知名品牌店遥遥相对。开业那一天，等着进店消费的顾客居然排到了马路上，这让 54 岁的大老板阿曼西奥・奥特加兴奋得都哭了。

阿曼西奥·奥特加之后还将ZARA品牌的成功模式复制到了公司的其他五个品牌上，发展势头可谓如日中天。2001年，阿曼西奥·奥特加创办的Inditex服装零售集团上市了，股价一飞冲天，他当即成为西班牙首富。

阿曼西奥·奥特加这个既没有设计天赋，又不是“富二代”，还被媒体形容为“来自小渔村的穷小子”的家伙，就这样一步一个脚印地造就了一个国际服装行业的神话，以至于被誉为“速成时装王国领袖”。

人，只有想通才能释怀，只有放下才能自在。世上本没有路，勇于开辟这才有了路。世上本无走不通的路，只有想不通不肯去开辟的人。

人最大的悲哀，是在年少时迷茫不知去路，待年老之后却只能暗自叹息懊悔。朋友们，趁我们现在还年轻，快点带上我们的信心和勇气，用自己辛勤的汗水和勤劳的双手去为自己开路吧！

接受是勇气，改变是智慧

接受是一种勇气，改变是一种智慧。我们改变不了环境，但可以改变自己来适应环境；我们改变不了事实，但可以改变对待事实的态度。我们可以通过改变自己去适应不断变化的环境，以激发出自己的无限潜能，将恶劣的环境变成对自己有利的环境。

接受是一种勇气，改变更是一种智慧。

人生是一张单程车票，你所说过的话，你所走过的路，你所经历过的事，都是不可更改的事实和历史。既然事实不可更改，人生之路又不可往回走，那我们唯有接受，唯有通过改变来适应这个大千世界。

我们改变不了环境，但可以改变自己来适应环境；我们改变不了事实，但可以改变对待事实的态度。确实，我们没有选择自己所生存的环境的权利，但是命运的权杖还是掌握在我们手中，我们还是可以通过改变的心态，改变自己对事物的看法，去适应不断变化的环境，以激发出自己的无限潜能，将恶劣的环境变成对自己有利的环境。

世界级潜能开发专家安东尼·罗宾，就是一个通过改变自己来适应社会大环境发展的典范。

安东尼·罗宾 1960 年出生于美国加利福尼亚州，少年时家境很不好，家里没什么钱给他买新衣服，可是他个子长得又非常快，故总是穿着七分裤到处乱窜，同学们因此常常取笑他。此外，他的妈妈改嫁过三次，他有四个爸爸，同学们更加嘲笑他了。

有一天，安东尼·罗宾又被同学们嘲笑，他受不了了，回到家后很不礼貌地问妈妈，为什么总是要他穿七分裤，为什么他会有四个爸爸。结果，妈妈不但没有回答他的问题，还十分生气地把他给赶了出去。那一年，他 17 岁。

17 岁的安东尼·罗宾，已然懂事，他知道有些事他改变不了，所以，他唯有拿出勇气来接受，并且努力想办法去改变，改变自己不堪的现状，他发誓要与命运抗争到底。

被妈妈赶出家门的安东尼·罗宾一直住在一间 10 平方米左右的单身公寓里，生活拮据。而且因为他不会与人打交道，所以人际关系搞不好，再这样下去，恐怕连饭都吃不上呢。为了能够生存下去，安东尼·罗宾摆过地摊，当过餐厅的服务员，也做过推销员，最后到了一家银行去做洗厕工。

像安东尼·罗宾这样一直生活在最底层的苦命孩子，最大的梦想就是有一天能够跟苦日子说“拜拜”，过上好日子。但是如果他一辈子只是一个小小的洗厕工的话，又怎么可能过上好日子呢？所以，安东尼·罗宾要改变，改变自己的身份，改变自己的性格，让自己不再是一个洗厕工，不再拙于交往。

为此，他在朋友的介绍下，去参加一个名叫吉米·罗恩的潜能大师的课程。可是因为收费太贵，他支付不起，他找遍了所有的亲戚朋友借钱，然后又向44家银行提出贷款都没有成功。他洗厕所的那个银行的经理看到他有那么大的决心去改变现状，就以个人的名义借给他学费。从此以后，安东尼·罗宾去了俄罗斯学习潜能开发，踏上了一条改变自我、发展自我的成才道路。

安东尼·罗宾在去俄罗斯的火车上，对着一份俄罗斯地图设立自己的目标：第一个是24岁时年收入要超过25万美金；第二个是以后要住在圆柱形的城堡上遥望整个太平洋；第三个是一年之后要结婚，生几个孩子。到了俄罗斯之后，他更是日日以这三个目标来督促自己奋力改变，努力赚钱。结果，一年后他赚到了100万美金！而且他也按照自己的规划，在第二年结了婚。之后的几年，他不再住在小小的单身公寓里，而是买下了一个海边的城堡居住，同时还拥有了一架私人飞机……

大家都很好奇，他到底是怎么做到这些的呢？他先是跟随潜能大师吉米·罗恩开展潜能激发培训，在发现了自己内心蕴藏着无限的潜能之后信心大增，生活也因此慢慢开始大为改观。之后，安东尼·罗宾作为一个自我提升教练开始教授神经语言程式学及埃里克森催眠学，同时还在神经语言学理论的基础上开创了激发人的潜能、追求人生成功的理论和方法。

安东尼·罗宾认为，“每个人都具有成功的特质，只要调正了既有的神经系统，成功就会是人生的必然”。他开创的这套调正神经系统的理论，不仅适用于个人，还适用于企业和整个社会，一经推出便得到各界的广泛关注，他也因此以“世界潜能激励大师”和“世界第一成功导师”的身份受邀到世界各地去演讲，去协助一些职业球队、企业总裁和国家元首激发潜能。安东尼·罗宾还辅导了多位皇室家庭成员，曾为南非总统曼德拉、苏联总统戈尔巴乔夫等众多世界名人提供过咨询。此外，他还在全世界范围内出版了多本个人著作，如《激发无限的潜力》《唤起心中的巨人》《巨人的脚步》等。尽管安东尼·罗宾只有高中学历，但他的理论与著作，不知为全球多少读者开启了心灵之门，不知帮助多少名人或是普通老百姓度过了生命中的艰难时期。

比尔·盖茨曾说过：“生活是不公平的，你要去适应它！”人生也是如此。社会竞争非常激烈，只有适者才能更好地生存下去，只有强者才能走在世界的尖端。

世界前进的脚步谁也阻挡不了，社会发展的大环境谁也改变不了，我们只有通过不断地改变自己，使自己不断地进步，更好地适应社会大环境，才能不被淹没于社会大潮之中，才能找到自己存活于世的价值和意义。

历练隐忍之心

生活一定不会亏待任何一个有雅量知隐忍的人。

隐忍是一种生存智慧。在问题无法通过积极的方式解决时，采取隐忍的方式来处理是最好的选择。

隐忍也是一种人生考验。只有忍得了常人不能忍的痛，吃得了别人吃不了的苦，才能做到常人做不到的事。

人的一生，需要为辉煌的事业而努力拼搏，但更需要有一种隐忍的智慧使自己更好的活着。

她，有显赫的家世背景，祖母是慈禧心腹中堂李鸿章之女。但因家族纷繁变迁，父母婚姻又破裂，她的童年在灰暗中度过，这便奠定了她毕生的作品基调——荒凉。所以，不管题材如何变化，不管故事如何发展，“荒凉”始终是她作品的主旋律。

她，文笔老辣，描摹出无数人的辛酸和苦痛，且字字句句都透着一股无比的心伤，引起无数人心灵的共鸣。

她就是张爱玲，一个写尽人世间悲凉凄惨之情爱故事的现代女作家，一个活得寂寞死得寂寞但毕生都光彩夺目的奇女子。她之所以能够给世人留下无比珍贵的文化遗产，完全得益于她有一颗隐忍的心，她隐忍着童年的阴暗心伤，隐忍着爱情的深度创伤，更隐忍着创作的寂寞忧伤……

1920 年 9 月 30 日，张爱玲出生于上海公共租界西区麦根路一幢没落贵族的府邸里。她在这个家里生活了 18 年。在这 18 年间，她目睹父亲从一个慈父变成一个花天酒地的烟鬼，目送忍受不了父亲的恶习而丢下她离去的母亲的背影，她的生命从此变得荒凉且寂寞起来。

18 岁的时候，她离开父亲去投奔母亲，但母女俩的感情被金钱给消磨掉了，她 19 岁入读香港大学时，母亲断了对她的供养。所幸她天生聪颖加上后天努力，成绩优异而获得了奖学金，这才勉强撑得过去。

1942 年夏，22 岁的张爱玲离开香港回到上海，因经济困难，她选择了写作作为她生存的工具。刚开始，她写的是影评和剧评，刊登在《泰晤士报》《二十世纪》等报纸杂志上。后来开始写小说，发表在《紫罗兰》月刊一篇名为《沉香屑第一炉香》的文章使她在上海文坛一炮而红，且一发不可收，陆续在各大报纸杂志上发表了《花凋》《谈女人》《红玫瑰与白玫瑰》等一系列小说和散文，获得了文学界专家学者的一致好评，同时也奠定了她在中国现代文学史上的重要地位。

正当张爱玲的写作事业发展得如日中天时，她遇到了此生一场最浩大的情劫。当时的她 23 岁，未曾恋爱过，当她遇到倾慕她文学才华的年长她 14 岁的情场老手胡兰成，整个人都沦陷了。

当时胡兰成已有一妻一妾，但张爱玲还是不顾一切地选择了跟他在一起。她在送给胡兰成的一张自己的照片后面是这么留言的："见了他，她变得很低很低，低到尘埃里，但她心里是欢喜的，从尘埃里开出花来。"可见，她爱他之深之切，真的是无法言喻。

胡兰成当时也是深爱着她的吧，不然就不会于 1944 年 8 月抛弃一妻一妾与张爱玲写下婚书：胡兰成、张爱玲签订终身，结为夫妇，愿使岁月静好，现世安稳。然而江山易改，本性难移，胡兰成骨子里就是个超级"花心大萝卜"，见一个爱一个也就罢了，还是个人人都唾弃的汉奸，故没能给张爱玲带来安稳静好的生活，带给她的只有深深的伤害。

但张爱玲选择了隐忍，隐忍着被心爱的人欺骗的痛苦，隐忍着创作时的寂寞与艰辛，坚持在文学创作的道路上走下去，用笔勾勒出了一个又一个跌宕起伏的人生轨迹，打动了一代又一代人。之后，她的小说作品还不断被改编成影视剧，如《半生缘》《倾城之恋》《色·戒》等，她作品中那些经典的语句，也成为人们朗朗上口的人生感悟。

有人说，张爱玲的一生是悲惨的，是凄凉的，是不完美的，因为她毕生最想要的就是一个完整的充满爱的家，可惜，她所经历过的父亲的家，母亲的家，胡兰成的家，都家不成家，她华丽的一生里，连一个家都求不得。但是她的风韵永存于读者心中，她的作品告诉了世人“20 世纪的中国文学还存在着不带多少火焦气的一角”……所以，张爱玲的人生其实也还是美好的。

俗话说得好：“能忍则忍，一忍则百安。”隐忍并不意味着软弱，而更多的是智慧的等待。隐忍也不是懦者所为，而是智者暂避锋芒之举，是勇者蓄势待发之举。因为盲目的积极只会造成无谓的牺牲，有主见的隐忍才是一种进攻的利器。

生活一定不会亏待任何一个有雅量知隐忍的人。所以，每一天都在喧嚣的生活中行走的我们，只有历练出一颗隐忍之心，才能被希望的曙光紧紧地包围，才能享受到生活之美，感受到人生之趣。

别给自己的人生设限

人只有取消对自己极限的设定，相信“一切皆有可能”，相信“没有做不到的事”，相信自己的能力绝对是无可估量的，才能让自己努力达到比自己想象的还要高的高度，取得比自己想象的还要大的成就。

一个人的能耐到底有多少？他的内心深处到底积蓄着多大的能量？没有人知道答案。正是因为不知道，所以我们往往会出于各种原因，找各种理由给自己设定一个极限，如若超过这个极限，就认为自己一定会做不到，以至于到了这个极限的边缘，我们就会放弃，会退缩。如此一来，我们永远也跨不过这条界限，永远也无法将自己潜在的能力发挥出来。

所以，人如果一开始就因为自身的条件而给自己设限的话，根本就不可能将潜藏在心底的无限潜能发挥出来。要知道，在艰难困苦面前，在泥泞沟壑面前，人的潜能可以创造出无限的可能，把一个人推向一个难以企及的高度。

所以，人只有取消对自己极限的设定，相信“一切皆有可能”，相信“没有做不到的事”，相信自己的能力绝对是无可估量的，才能让自己努力达到比自己想象的还要高的高度，取得比自己想象的还要大的成就。

被称为欧洲“无冕女王”的德国历史上第一位女总理安格拉·默克尔，就是个从不给自己设限的人。

安格拉·默克尔 1954 年 7 月出生于德国汉堡的一个牧师家庭，父亲是神学院院长，母亲曾是英语和拉丁语教师。身为牧师和教师的女儿，安格拉·默克尔的语言能力非常强，除了德语外，还会说多国语言，这为她日后成为德国总理参与外交活动打下了坚实的基础。

父母对家里的三个孩子都有很高的期望，安格拉·默克尔也确实没有辜负父母的厚望，一直都是个勤学好问的孩子，从小就显示出了科学方面的天分，曾两次参加华沙条约组织国家的奥林匹克数学竞赛。

1973 年，19 岁的安格拉·默克尔以优异的成绩进入莱比锡大学学习物理学。在入读大学之前，她已经加入民主德国“自由德国青年联盟”，这个组织对她日后成为组织者和战略家起了很大的作用，给了她很多的历练，算是她人生中的第一个政治舞台。

1986 年，32 岁的安格拉·默克尔获得了莱比锡大学物理化学博士学位，毕业后一直从事科研工作。然而，1989 年的柏林墙“倒塌”事件改变了她的一生。

身为物理学家的安格拉·默克尔在柏林墙“倒塌”事件发生后，放弃了工作，积极投身于政治活动。她先是参加了民主德国的“民主崛起”组织，之后又进入民主德国最后一届政府做德·梅齐埃总理的副发言人，正式开始了她的政治生涯。

1990 年底，安格拉·默克尔被赫尔穆特·科尔纳入了内阁，从那时起，她便慢慢地在德国政坛中崭露头角了。

2000 年 4 月，在埃森党代会上，安格拉·默克尔当选为基民盟主席，登上了基民盟的权力顶峰。其实，在她当选基民盟主席之前，大家并不看好她，她相貌平平也就算了，出身背景也并无奇特之处，所以党内一些野心勃勃的新生代政治家默默地在心里打着小算盘，想要取代她。

安格拉·默克尔一直都有一个愿望，那就是“为德国效力”。为了实现这个美好的愿望，她不但没有给自己的人生设限，设高度，还不断地挑战新高度，不管是做物理学家，还是当民盟主席，她都迫使自己像跳蚤一样，一跳一个高度，简直是拼尽了全力。在几年的政坛生涯中，她练就了一身好本领，牢牢地抓住了党主席的权柄，任何人任何事都不能迫使她放权。

为了更好地“为德国效力”，使这个宏愿变成现实，外表并不算出色的留着圣女贞德式样的褐金色发型的，有着中年女性并不窈窕的身段的安格拉·默克尔，大胆果敢地向上攀爬，最终于2005年11月22日正式成为德国历史上第一位女性联邦总理，成为继1000多年前神圣罗马帝国的狄奥凡诺女皇之后第一位领导日耳曼的女性。

安格拉·默克尔执政德国期间，失业率持续下降，股票指数涨幅超全球各大股指，不仅德国的工业实力逐步恢复，连纯经济领域以外的影响力也在不断增长，这使她赢得了国内绝大部分选民的大力支持，同时也赢得了“德国铁娘子”的尊称。

巴黎的《世界报》曾这样评价安格拉·默克尔：“她是自经济、金融危机爆发以来唯一当选连任的欧洲大国政府首脑。”是的，安格拉·默克尔的人生不设限，她凭着超乎常人的政治智慧和领导手腕，稳坐德国总理的位置，最大限度地发挥着自己的潜能。

人生之路陡峭崎岖，人生之海风急浪涌，人生之剧曲折离奇，但是“山重水复疑无路，柳暗花明又一村”，生活之中又时时处处充满希望，人生之中又每时每刻都会有惊喜，只要我们不给自己的人生设限，每天都自信地对自己说：“我能行！我最棒！我一定会成功的！”那么结果，必然会是我们想要的。

第三章

拆掉思维里的墙

创新，能够使人的脑细胞充满活跃的因素，从而去探索新的空间。

创新，能够使人拥有更大的热情去追求知识的新高度。

创新，能够使人对美好生活有更高的向往，对光辉未来有更大的憧憬。

人，只有时刻具有创新精神、创新意识，

才能不断地提高自己、发现自己，

使自己往更高层次更大广度去延伸和发展。

创新能够激发出无限潜能

守旧，只会让迷茫吞噬人的美丽年华；创新，才能够激发出人的无限潜能。人只有大胆地去创新去探索，才能发挥自己的无限潜能，去发现一些未知的秘密，去开创一些不曾被人开发的“硬件”或“软件”，用无限的精彩点缀自己的人生，使自己的未来变得一片光辉灿烂。

创新，能够使人的脑细胞充满活跃的因素，从而去探索新的空间。

创新，能够使人拥有更大的热情去追求知识的新高度。

创新，能够使人对美好生活有更高的向往，对光辉未来有更大的憧憬。

人，只有时刻具有创新精神、创新意识，才能不断地提高自己、发现自己，使自己往更高层次更大广度去延伸和发展。

后印象主义的先驱——荷兰画家文森特·威廉·梵高，就是一个极富创新能力的人，他开创的野兽派与表现主义的画作深深影响了20世纪的艺术。

梵高1853年3月30日出生于新教牧师家庭。不知出于什么原因，在1880年的时候，他与除了弟弟提奥以外的其他家庭成员日益疏远，于是他搬离了自己的家住到了一个矿工家。孤独寂寞的他，开始临摹米勒的作品，算是正式走上创作的道路。同年10月，梵高赴布鲁塞尔学习透视学和解剖学。在此期间，他与荷兰画家凡·拉帕德来往密切，两人常常在一起交流绘画技巧。那时的梵高主要是用自己的画笔来描绘农民、工人及社会底层人士。从那时起，奠定了他以后深沉厚实的画风。当时他的生活来源全靠他毕生的知己——他的画商弟弟提奥提供。

尽管梵高生活贫困潦倒，跟家人的关系又不太好，但他依然是一个热爱生活，努力工作的人。他从小就渴望将来能够做个牧师，但是因为他的灵魂实在是太纯净了，太善良了，在与底层的矿工生活在一起之后，对于他们悲惨的生活深表同情，将自己的生活费都给了他们贴补家用，然而教会却不理解他，不认可他的做法，所以不管他怎样努力，最终教会还是不接纳他，不让他做牧师。

梵高离家之后工作就一直很不顺利，感情生活也备受折磨，在双重打击之下，他开始了流浪生涯。在流浪期间，尽管生活拮据，尽管灰心失望，尽管身心饱受折磨，他还是保持着阅读的欲望和习惯，大量地阅读狄更斯、莎士比亚、乔治·艾略特和左拉的著作。同时，他还搜集了不少英国的报刊插图，不间断地进行绘画创作，画了很多素描和水彩。不过受当时不稳定情绪的影响，他所创作的作品都是灰暗系的。他没有系统地学习过绘画，一直都是通过自学不断地在绘画道路上摸索。

梵高的性格很古怪，也很执拗，所以其画作向来都保持着深沉的味道，似乎总是藏着哀伤和忧郁，直到他看到了日本浮世绘以及在巴黎遇到了印象派与新印象派，鲜艳的色彩和画风激发了他身体里对于绘画的无限渴望和追求，使他慢慢发现自己独特的一面，迸发出惊人的创造力。所以，很快他便画风一转，将印象派和新印象派鲜艳的色彩融入自己的绘画当中，形成了独具个性的画风。同时，他亦不断汲取一些优秀艺术家的精华，开始大量的自画像的创作。之后，他又不再满足于印象派的表现手法和思想理念，不属于任何流派的他不断地进行创新，不断地将独特的个性融入画作中，使自己的绘画作品一幅比一幅出彩，绘画技艺也一天比一天高。

梵高喜欢通过素描和色彩去探索人物的真实内心，去表现别人不易看到的精神和情感，所以很多人欣赏不了他的画作，除了他的弟弟提奥之外，几乎没人买他的画。但他并未因此而妥协气馁，也没有因生活极度贫困而放弃自己的画风和追求，所以人们把他当成了疯子，送他到疯人院“治疗”。他最为著名的作品大都是在疯人院里完成的。

梵高的人是住在疯人院里，但是心却在艺术的殿堂里。在疯人院的那些日子里，梵高用他孜孜不倦的创作精神来填补情感上的空虚，缓解精神上的折磨，正如他所说的：“我可以和热情对话，因为我找到了自己的声音。”虽然梵高在世时，他的画作不怎么受欢迎，但是在他过世之后，他的《星夜》《向日葵》与《有乌鸦的麦田》等作品，已完全跻身全球最著名最珍贵的艺术作品行列。

有人是这样评价梵高的《星夜》《夜间咖啡馆》这两幅画的：“他画的是天，是地，但这个色彩不是客观的了，我们自然界看不到这样的颜色。他用自我的个性表达出来一个色彩关系。”尽管人们一直都说梵高患有精神病，他的精神一直都处于失常状态，但是对于绘画，他确是时刻保持着清醒状态，保持着创新精神，不然他的画作也不会从暗沉走向明亮，进而走向全世界。可以说，梵高这一生，只属于绘画，属于艺术，属于那片金黄的麦田与飞过群鸦的天空。

古今中外世界上每一次重大发现或者变革，都是各行各业拔尖人才勇于发现、敢于探索、善于创新的结果。守旧，只会让迷茫吞噬人的美丽年华；创新，才能够激发出人的无限潜能。

人只有大胆地去创新去探索，才能激发出自己的无限潜能，去发现一些未知的秘密，去开创一些不曾被人开发的“硬件”或是“软件”，用无限的精彩点缀自己的人生，使自己的未来变得一片光辉灿烂。

打破你的思维定式

思维的定式，限制了人的发散思维，挡住了人们前进的脚步，人只有跳出思维的牢笼，突破传统的思维模式，想别人之所未想，试别人之所未试，才能够充分发挥自我的潜能，创造出无限的可能，才能提高处理和解决问题的能力，克服重重困难走出重重迷雾。

因各种原因，如生活环境、所接受的教育以及所接触的人和事等的影响，人们形成了一定的思维模式。但是当今社会瞬息万变，固有的思维模式跟不上时代的发展，如果我们不努力去改变僵化的思维定式，走出思维的牢笼，就永远只能活在固有的思想牢笼里，永远也进步不了，永远也成功不了。

思维的定式，限制了人的发散思维，挡住了人们前进的脚步。人只有跳出思维的牢笼，突破传统的思维模式，想别人之所未想，试别人之所未试，才能够充分地发挥自我的潜能，创造出无限的可能；人只有用力将思维定式的“墙”推倒，突破思维的定式，才能提高处理和解决问题的能力，才能克服重重困难，才能走出重重迷雾，从而成就一番辉煌的事业，拥抱美好的人生。

张泉灵，1997 年考入央视国际部任《中国报道》记者、编导、主持人，2000 年在新版《东方时空》节目中任总主持人。此外，她还在《人物周刊》《焦点访谈》《新闻会客厅》等栏目做过主持人，获得过“金话筒奖”主持人奖、长江韬奋奖，曾是央视的当家名嘴之一。

张泉灵在央视担任主持人的十多年间，获得了无数观众的好评。“张泉灵给人的感觉就如同她的名字一样，清秀、灵动，丝毫没有传统印象中做现场新闻、突发新闻主播的严肃与刻板。她的眼睛里总是透露着一丝笑意，平易近人的温暖融化了陌生感。”人民网是这样评论张泉灵的。也有人认为，张泉灵并不是一个美女主播，而应该称之为“智慧女主播”。按照张泉灵的说法是，她处在最好的新闻平台，处在最好的位置，可以算是功成名就了吧。

然而，2015 年 9 月 9 日早上 8 点，在中央电视台工作了 18 年，42 岁的张泉灵居然发了一条长微博，正式宣布自己从央视离职而进入创投界。

此消息一出，立刻引起了轩然大波。一位央视老员工对此还发表了这样的评论：“央视培养一个人才很难，付出了很多很多。有的主持人，他主持节目出名，可背后是编导等几十个人为他辛苦地工作。可有的人翅膀硬了，飞了，还在背后说央视的这不好、那不足，这是没有道理的。用老百姓的话说，做人还是要讲良心。”为此，人们纷纷猜测，是体制的问题使张泉灵最终选择了离开，还是真如这位老员工所说的张泉灵不讲良心呢？

其实不然。正如张泉灵在自己的长微博中所说，不过是“自己的生命后半段要从头来过”而已，她要“跳出鱼缸，跳出自己习惯的环境，跳出自己擅长的事情”。当然，她要跳出去的鱼缸，不是央视，不是体制，而是自己已经在慢慢凝固的思维模式。

张泉灵说，2015 年年初的时候，她天天咳血，医生怀疑她患了肺癌。当时她不知道心有多慌，真不想自己如此年轻的生命就此断送在恶疾上。后来，她忍痛咬牙坚持进行了一系列的检查之后，排除了肺癌这个可怕的可能性。不过，收到好消息的她根本开心不起来，心情也并未因此而轻松，反倒促使她去换个角度来思考自己的人生，思考自己有限的生命。

或许做央视的主持人，真的很忙很累很辛苦，以至于使张泉灵的身体向她发出了警报，这对一个年过四十的中年女人来说，并不是一场小小的虚惊，而是一场波澜壮阔的心理大战。是继续保持原来的生活模式呢，还是寻求一些新的改变呢？张泉灵为此陷入了深深的思索当中。

或许，她朝着自己既定的路线前行，在别人眼中，也会活得很精彩，但是，那样子活着，她的身体会承受得了吗？她的身心真的会感到更快乐吗？答案是否定的。因为，张泉灵已经不止一次提出要离开央视了。她第一次提出要离开的时候，很多爱她、保护她的人坚决对她说了“不”字，结果也因为种种，她仍然留了下来。

可是最终，她还是不想再继续坚持下去了，她要改变，要重新开始，要在一个新的领域，一个自己并不熟悉的领域重新开始。然而，她还是受到了阻拦。不过，那些对她说“不”的人，那些不想让她离开的人，都是因为爱她，因为想要保护她，所以，她没有努力去说服他们，只是告诉他们：“我做好了准备，放下，再开始一次。”即使是失败，那又如何，只不过是一次结束和另一次的开始罢了。

“人生最宝贵的是时间。”张泉灵在42岁的时候，怀抱着25岁时的创业精神，欲去走今后的人生道路。创造来源于打破常规的思维方式。有信心和勇气在42岁的时候去改变固有的思维模式，去跳出思想的牢笼的张泉灵，向创新和发展迈出了最关键的一步，其实，她已经算是成功了。

用定性思维去思考问题，确实可以避免走一些弯路，但不是每一件事每一个问题都适合用定性的思维去思考去解决。大千世界，人和事每一分每一秒都在变化，如果我们还是用固定的思维去处理一些新问题的话，不但难以解决，还会让自己陷入困境。

人，只有将定性思维的“墙”拆掉，将思维尽量地发散开去，才能走出困境，找到解决问题的最佳办法。

无限风光在险峰

> 生命就是一场冒险的旅行，走得最远的人，能够到达成功彼岸的人，必然会是那些敢于冒险的人。

人生漫长的旅途当中，必然会有荆棘，会有风雨，会有灾难，如果我们不敢冒险穿行的话，永远也前进不了，永远只能在原地踏步，甚至是为了逃避艰难险阻而选择后退。你愿意过这样的人生吗？你甘心过这样的人生吗？你若不愿，你若不甘，那就只能冒险前行。

善于冒险，敢于接受未知的挑战，才会有拥抱成功的那一天。

生命就是一场冒险的旅行，走得最远的人，能够到达成功彼岸的人，必然会是那些敢于冒险的人。

乔婉珊和苏芷君两个普普通通的哈佛女硕士是如何变身成为“牦牛帝国”的创始人的？靠的就是两个字：冒险。

乔婉珊和苏芷君在美国哈佛大学肯尼迪管理学院就读时，就联合创立了一个专门出售一种并不为人熟知的奢华面料，一种名叫

Shokay 品牌的牦牛绒相关制品。该品牌在全球有 100 多个店铺呢。

为什么乔婉珊和苏芷君会想到创立 Shokay 这么一个品牌呢？这其中，有偶然因素，也有必然因素。

2003 年，出生于美国的台湾女孩乔婉珊到秘鲁实习，那里的贫困状况使她十分忧心，当时她就下定决心要创办社会企业来改变一些落后地区的面貌。之后，从沃顿商学院毕业后的她考上了哈佛大学，与来自香港的苏芷君志趣相投，两人都希望能够运用自己的商业经验，结合有关社会发展等方面的知识，为社会扶贫发展出一份力。于是两人一拍即合，于 2006 年 1 月一起到中国的西南部去考察，找寻创办社会企业的项目。

乔婉珊和苏芷君在云南看到了牦牛，同时又很巧的遇到了著名的探险家黄效文。黄效文告诉她们，牦牛是中国特有的一种动物，它们生长于海拔超过 3000 米的高山地区，全世界 1400 万头牦牛中，中国西部就占了 1300 万头。牦牛的粗毛可以做帐篷跟绳子，细毛可以做衣服和毯子，而它的牛奶可以做成酥油和奶茶，甚至它的粪便都是很重要的资源。黄效文的这一番话让两个女孩找到了商机，她们决定放手一搏，创办一个公司，通过更有效的技术手段和商业行为，帮助牧民将牦牛身上的“宝贝”全部开发利用出来进行销售，在提高社会效益的同时帮助牧民脱贫。

于是，乔婉珊和苏芷君回到美国之后很快就做出了牦牛创业计划。虽然该计划具有一定的冒险性，但还是赢得了 2006 年哈佛大学的商业计划奖金 5 万美元。当年 9 月，两个女孩从哈佛大学毕业后，马上就利用这 5 万美元成立了 Shokay 公司，正式开始了在我国西部艰难的创业历程。

别以为收购牦牛绒是一件简单的事，她们去云南山区挨家挨户上门收购，一天奔波 8 小时下来也只收到 30 公斤。由于那里交通十分不便，她们将收购点转移到了同样贫困的青海。但是青海的藏民抓绒的方式十分传统，抓到的牛绒混杂了牛毛。为此，两个女孩又对牧民们进行技术培训，以便她们收购到高品质的牦牛绒。

解决了原料采购的问题，接下来就到了设计和开发产品环节了。对成衣纺织，乔婉珊和苏芷君之前并未有过多的了解，所以只能冒险搏一搏，通过详尽的资料搜集和研究分析来攻克一道又一道难关。首先，她们花了很长一段时间去寻找专家帮忙鉴定牦牛绒的品质，同时还造访大大小小的厂家，分析如何将不同品质的牦牛绒应用到编制、漂染过程中。

在解决了牦牛绒的品质问题之后，乔婉珊和苏芷君又马不停蹄地去找生产厂家合作染色、纺纱、编织。她们找了很多个厂家，那些厂家不是嫌她们太年轻，不信任她们的能力，就是嫌她们要加工的牦牛绒量小成本高，总之，她们被拒绝了一次又一次，粗略估算不少于40次。不过乔婉珊和苏芷君并未因此而气馁，她们彼此鼓励，一定要咬牙坚持下去。经过一年多的努力，她们终于找到了一个合作厂家，纺出了较为理想的牦牛绒纱线，之后还制成了各种牦牛绒制品。就这样，一个以牦牛绒为核心的品牌终于正式诞生了。

品牌建立了，宣传和推广也要跟上。从Shokay创立之初到蓬勃发展，乔婉珊和苏芷君并未花过一分钱对其进行宣传，她们只是通过积极投身于各种社会活动慢慢积累起人脉与知名度为Shokay做宣传，这节省了不少开支，使Shokay公司有足够的经济实力以高于市场价5元左右的价格收购牧民的牦牛绒，给予牧民更高的收益。

就这样，两个具有冒险精神的哈佛女孩，从哈佛走到云南，再从云南走到青海，然后扩展到全世界100多家店铺，不仅使自己积累了一定的财富，实现了自我人生价值，还帮助了不少贫困地区的牧民脱贫致富。

然而，由于牦牛绒编织物多以保暖功能为主，所以在一定程度上限制了其产品线和销售情况，有人就担心Shokay会走不下去。对此乔婉珊和苏芷君表示，既然她们当初决定冒险创办这个品牌，冒险开发这个新市场，就做好了长期战斗的准备，她们有信心也有能力将这个品牌长久地发展下去。为了让 Shokay 一年四季都受消费者欢迎，她们将创新设计和发展，做一些牦牛绒混纺材料，使产品更加轻薄舒适，在冬季以外的其他季节也适用。

冒险坚持是胜利的保证。乔婉珊和苏芷君及她们所创立的 Shokay 品牌一直都在冒险坚持，也一直都在冒险创新，相信她们能够将 Shokay 品牌的分店开得更多更广，且受到更多消费者的青睐。

人，无论做什么都有成功的可能，也有失败的可能。如果我们因为害怕失败而退缩止步，那么结果必然是不战而败；如果我们敢于尝试，敢于冒险，敢于大踏步向前，就一定能够收获一份喜悦，一份成功。

做人做事要学会灵活变通

古语有云：穷则变，变则通，通则达。人只有善于变通，才能克服种种困难获得最终的胜利；人只有善于变通，才能沿着既有的方向一直前行；人只有善于变通，才能找到通往成功的最佳途径。

无规矩不成方圆，每一个人活在这个世界上，必然要讲规矩，讲纪律，讲原则。但是一味地讲原则只会让我们止步不前，很多时候我们要学会灵活变通。变通并不是违反原则，而是根据变化了的现实环境找出解决问题的办法。古语有云：穷则变，变则通，通则达。“变通”其实就是“有变则通，无变则滞”。

人只有善于变通，才能克服种种困难获得最终的胜利；人只有善于变通，才能沿着既有的方向一直前行；人只有善于变通，才能找到通往成功的最佳途径。

女子撑杆跳世界纪录保持者——俄罗斯的伊莲娜·伊辛巴耶娃，她人生中就经历了多次变通。

“改变是必要的。因为改变使生活变得更有趣，更新鲜，带来新的变化。”对曾经的梦想是做个体操运动员的伊莲娜·伊辛巴耶娃而言，她一生之中最重要的一次改变，莫过于 1997 年 11 月，因为自己体形修长不适合继续练体操，忍痛放弃了体操而开始从事撑杆跳的训练，最终获得了前所未有的大收获——28 次刷新世界纪录，两度赢得奥运会撑杆跳冠军，3 次加冕室外赛世界冠军，4 次获得室内赛世界冠军……

伊莲娜·伊辛巴耶娃人生之中的第二次变通，是在 2005 年底。她换了教练，换了经纪人，同时也换了训练地点，从俄罗斯搬到了蒙特卡洛。当时的她，已经是世界冠军和世界纪录的保持者了。她之所以选择改变，是因为她不想停滞不前，而想延续辉煌，一次次地刷新纪录，她要进行新的尝试和新的挑战去突破自己。那一次的改变，确实给她带来了全新的动力，使她对其后的各赛事有了更大的冲劲。

伊辛巴耶娃出生于被称为俄罗斯“南部粮仓”的伏尔加格勒，有哥萨克人与高加索人的混合血统，但是她短短几年时间便创造了一个美国式的童话，从伏尔加河畔的一个小城走到了世界竞技体育的最前台。自 2003 年第一次打破世界纪录之后，就一直保持对女子撑杆跳的垄断性统治，成为世界上最优秀的女子撑杆跳选手。

之后的几年，伊辛巴耶娃在世界各大赛事上勇创佳绩，多次获得世界冠军，也多次打破自己创下的世界纪录，真可谓女子撑杆跳的一棵常青树。

在 2004 年的雅典奥运会上，伊辛巴耶娃以 4.91 米的成绩再次打破她自己所保持的世界纪录，赢得了无数掌声与欢呼。

由于多年来在体育事业上的突出成就，伊辛巴耶娃 2004 年、2005 年连续两年被评选为国际田联最佳女运动员。

2005 年，伊辛巴耶娃的撑杆跳成绩再上一层楼，成为世界上第一个打破撑杆跳 5 米纪录的女运动员。

在 2008 年黄金联赛的罗马站上，伊辛巴耶娃以 5.03 米的成绩打破了女子撑杆跳室外世界纪录，而且破的还是自己在 2005 年赫尔辛基世锦赛上所创下的 5.01 米的纪录。这已经是她第 22 次打破世界纪录了。

在 2008 年北京奥运会上，伊辛巴耶娃又以 5.05 米的佳绩成功卫冕，将她自己所创造的世界纪录又提高了 1 厘米。

然而，自 2008 年北京奥运会上再夺冠之后，伊辛巴耶娃的状态不佳，有明显下滑的迹象，在遭遇两次世界大赛失利之后，她就鲜少在世界赛事上亮相了。

“过去的 9 年我始终处于巅峰状态，身体也许有些疲惫了，所以不能再像以前那样表现出色了。所以我决定让自己的身心彻底地放松一下。”伊辛巴耶娃根据自己的身体状况，于 2010 年 4 月 11 日做出了人生之中的第三次变通——无限期地退出赛场。

退赛期间，伊辛巴耶娃的教练特罗费莫夫不断地鼓励她，使她在身体逐渐恢复之后，慢慢重拾奋起再战的自信，最终于 2011 年举着撑杆跳冠军的旗帜强力回归赛场。2011 年，她在乌克兰顿涅茨克举行的撑杆跳明星赛（室内赛）中以 4.85 米的成绩第 8 次获得该站比赛的冠军；2012 年 2 月，在斯德哥尔摩室内田径赛女子撑杆跳比赛中，她以 5.01 米的成绩再次打破由自己保持的室内女子撑杆跳世界纪录，这是她第 28 次打破世界纪录，同时也是第 13 次打破室内赛世界纪录；2012 年 7 月，她在法国里昂举行的田径赛上以 4.75 米的成绩夺冠；2012 年 8 月，她在伦敦奥运会上以 4.70 米的高度获得铜牌；2013 年 8 月，腿部受伤的她以 4.89 米的佳绩赢得金牌……她用自己的实力向世界宣告，她依然还是那个“撑杆跳女皇”！

人生因变通而精彩，生命因变通而辉煌。如果伊辛巴耶娃不是根据情况一次又一次地变通，调整自己的方向，调整自己的状态，那么今天的她，根本就不可能获得如此多的桂冠，创下如此多的世界纪录。

美国首屈一指的个人成长权威人士伯恩 · 崔西曾说过：“很多事

之所以会失败，是因为没有遵循变通这一成功原则，做人做事要学会变通。”变通是人生之路上必备的处世原则之一，它能够给人们指出另一条通往成功的路。

我们身处一个时时刻刻都在变化的大千世界，原则是一定要讲究和遵守的，只不过在处理一些实际问题时，不能太过死板，要具体问题具体分析，要学会灵活变通，这样才不至于被瞬息万变的社会大潮给吞噬，才不至于将自己逼入死胡同。

换一种思维方式

人要学会换角度、换方位去思考，学会越过障碍转变观念去观察，学会用发散的思维或是换一种思维方式去沉思，那样的话，迎接你的将会是另一番美丽的景象——再悲惨再痛苦的人生也会变得峰回路转，再艰难再困苦的生活也会变得柳暗花明。

突破惯性思维，打破常规，是生存与发展的必备条件之一。一味地死守僵硬陈旧的思维模式，只会让自己陷入绝境。

世界上绝大多数成功人士身上都有一个共同点，那就是他们都具有自己独特的思维方式。是的，很多时候，人只要换一种思维方式去思考，去研究，结果就会令人欣喜不已。是的，很多时候，人完全可以通过思维的裂变，来实现自己人生的一个巨变。

20 世纪最伟大的魔术师大卫·科波菲尔，在为观众朋友们带来一场又一场魔术盛宴的同时，也创造着自己的魔幻人生，他的艺术表现力和想象力都非比寻常，他将魔术师的形象从杂耍形象中分离出来，使魔术成为一种真正的艺术。

大卫·科波菲尔 1956 年 9 月 16 日生于美国新泽西州的迈特城。他的父母经营着一间男士服装店，一家三口过着舒适稳定的生活。可是，大卫的学习成绩很差，同学们都不喜欢他，大家都觉得以他那样差的学习成绩，将来一定一无所成。为此，他也发愤图强，认真努力地学习，可是结果不尽如人意。

大卫的父亲很开明，并未因为大卫成绩差而放弃他，反而尝试着用另一种思维方式去教育他。

一天，父亲带他出去办事，当他们所乘坐的汽车经过一个小站时，父亲说要去买点东西就下车了，车子停了一下就开走了。单独乘车的大卫有些害怕。可是没想到的是，当车子驶进终点站时，他的父亲却笑眯眯地站在不远处等着他。他很惊讶地问父亲是怎么到的，又怎么会比他先到，父亲意味深长地对他说："到达目的地的方式不止一种，只要我们用发散思维去思考一下，必然会找到另一种到达目的地的方法。"正是这句话，促使大卫往艺术界发展。

大卫家里就他一个孩子，他居住的地方，四周也没有什么孩子陪他一起玩，他的童年都是在看电视里的木偶戏中度过的。父母见他如此喜欢木偶，就送了一个给他，这个木偶为他打开了魔术的大门。

大卫很喜欢表演，他认为这是他与别人交流的有效方式。大卫的父亲得知大卫的这个兴趣爱好，便将他带到了纽约，让他入读非常有名的塔能魔法学校，世界上许多著名魔术师都是这个学校培养出来的。

大卫似乎对魔术有一定的天分，加上他自己又勤学苦练，12 岁的时候就去参加商演了。魔术对他来说，似乎已经不再是一种简单的爱好了，他对魔术表演充满了激情，他将生活的全部重心都放在了魔术表演上。为了让大家记住他，他靠做电视广告来宣传自己，这引起了音乐剧《魔术人》的制片人注意，很快便邀请他到芝加哥出演一个角色。

大卫在《魔术人》里的角色又要唱歌，又要跳舞，还要表演魔术，难度很高，但是大卫出色的表演为他拉开了在大屏幕上表演的序幕。可以说，那是他人生的一个重大转折点。之后，他又受邀出演了舞台剧《罗西的魔术》，引起了巨大的轰动，使他一夜之间成为塔能魔法学校魔术年会的主要明星。魔术年会当天，大卫的完美表演更是吸引了 1500 多名来自世界各地的魔术师，从那一刻起，他便在魔术界站稳了脚跟。

1975 年，美国 ABC 电视台一个有关魔术的大型特别节目让大卫用变魔术的方式来主持，大卫牢牢抓住这个机会，卖力地主持和表演，使自己声名大震。之后他又到好莱坞发展，表演了两个震惊世界的魔术，一个是在一次电视台节目中成功地令一架七吨重的喷气式飞机“凭空消失”，一个是令自由女神像“消失”。

尽管这两个魔术获得了前所未有的成功，但是大卫开始反思，这种需要危险的肢体动作、错综复杂的科技和无法预测的自然力来完成的大规模魔术表演，虽然很具观赏性，却未必能够引起人们的共鸣，所以，大卫开始尝试用讲故事的方式来表演魔术以打动人心。他这个新的尝试在 1992 年的《激情之火》中获得了巨大的成功，不仅使大卫成为世界上最伟大的逃脱大师，同时还使魔术师摆脱了戴礼帽、穿燕尾服的形象，可以说，大卫的魔术生涯因此而达到了巅峰。

“成功好比是远方的一个车站，为了到达目的地，大家都在赶车，没有上车的人，不得不等下一班车。殊不知，换一种方式，也许能更快地到达目的地。”正是因为大卫·科波菲尔换一种思维来思考自己的人生和前途，才使自己获得了如此大的成功——成为世界闻名的魔术师。

虽然说生命各有各的精彩，但并不是人人都能够活得精彩。很多时候，你之所以活得没有别人精彩，并不是因为你没努力，或是你没有上进心，而是因为你不知道或是不愿意换一种思维换一种活法。换一种思维方式，就能够拥抱另一番美丽的景象，能够看见另一片精彩的天空，何乐而不为呢？

用发展的眼光看问题

世间万物时时在变，人们只有不断地研究新情况、发现新问题、总结新经验、提出新方法，用发展的眼光看问题，才能运筹帷幄，做出既适用于当前又适用于未来的决策措施；人们只有与时俱进，用发展的眼光看问题，才能更清楚地看到事物的本质，根据实际变化的情况调整自己的方向和目标，助己成就一番伟业。

世界上任何事物都不是静止不动的，而是处于不断的发展变化之中，我们不能用一成不变的静止的眼光看待眼前的一切人和事。

只有用发展的眼光、发展的观点来看待眼前的所有问题，才能更好地解决新问题新矛盾，不断地攀上人生的新高峰。

2005 年曾在中央电视台《非常 6+1》节目中勇夺个人冠军的小伙子吴冰，就是一个时常用发展的眼光看问题的人。

吴冰的名字里有个“冰”字，给人的感觉有点冷，可是他却爱上了街舞这种极富动感、热情似火的舞蹈。自 2002 年开始接触街舞之后，他就不断地带领他的 Evolution 团队参加全国各大街舞赛事并获得了多项大奖，期间他还创办了 Evolution 街舞工作室，培育了新的街舞人才。2008 年，他由台前转到了幕后，开始担任多项街舞大赛的评委以及参与各大街舞赛事的组织与推广，积极地宣传街舞文化。

他是怎么跟街舞结缘的呢？一次偶然的机会，他看到了一场世界街舞大赛。当时这种挑战自我的运动——街舞在他所生活的那个小城市，还没广泛地被人关注，似乎并未有太多的年轻人喜欢，但是他却觉得这种舞蹈可以在当地进行广泛推广，说不定哪一天就可以在当地将其做成专业化，把街舞文化引进健身房，成就自己的一番新事业。退一步来讲，即使他的这个想法行不通也做不到，至少还可以挑战一下自我，多开辟一个爱好，充实一下生活。

所以，为了挑战自我，充实生活，也为了有一天能够将这个新事物在本地发扬光大，他开始去接触街舞，练习街舞。结果他越练越喜欢，越喜欢就越疯狂，几乎把自己的所有业余时间都用在了练习街舞上。

“我认为街舞应该是随性而舞的，不在前进中爆发，就在前进中消亡。”吴冰最初接触街舞时，是没有半点基础的，没有师从任何人，更没有朋友跟他一起练，完全是靠他自己一个人摸索着去练。后来他才渐渐从街舞网站上认识了很多跟他有同样爱好的人，组成了一个团队，约定时间地点一起练习。

吴冰 22 岁才开始学街舞，加上没有人指点，所以经常在自学的过程中受伤。由于年龄偏大，身体机能恢复得就有些慢，这对他来说，真的是一种严峻的考验和一种痛苦的煎熬。但是因为喜欢，因为认定了要接受这样一个极限挑战，所以一直以来他都未想过放弃，一直咬着牙坚持练下去。有时有些伤还没有完全好他就又接着练了，最严重的一次是他的左膝盖半月板撕裂，医生说他这辈子都别想再跳舞了，结果他没听医生的话，一直跳到现在。尽管现在他的左膝盖还是很难发力，但是这并不影响他用右腿接着跳。

学街舞之前及之后吴冰一直都有一份稳定的职业，他是一名体操学校的教练，教的是新的奥运会项目——蹦床。虽说跳街舞只是他的业余爱好，但他还是对此进行了一番规划：先是合理地安排空余时间学跳街舞，强加训练；待自己的舞技进步了，达到了一定的水准，他就去参加各种街舞大赛；待自己获得了多种奖项，名声已然在外之后，他就把自己的这个爱好做大做强，把街舞带进了健身房，开培训班培育新的街舞苗子，使街舞在当地慢慢发展为一项非常正规且又职业化的健身娱乐项目。

吴冰在街舞界所取得的成功，并不是偶然发生的。从他第一眼看到街舞这个新生事物开始，他就一直用发展的眼光来看待自己，合理地规划自己的时间对街舞进行深入的学习和研究，在付出十二分艰辛的努力之后，他赢得了街舞比赛的冠军，开办了街舞培训班……

用发展的眼光看问题，道路是曲折的，但是前途必然会是光明的。

第四章

你的努力一定要配得上你的梦想

勤奋是通往成功的必经之路，懒惰是成功路上的“拦路虎”。

只有勤奋，才能战胜贫穷；

只有勤奋，才能获得幸福的光环；

只有勤奋，才能采摘胜利的果实；

也只有勤奋，才能看到希望的曙光和光明的前途。

勤奋是通往成功的必经之路

业精于勤，荒于嬉；行成于思，毁于随。勤奋，是世界上一切成就的“催产婆”。我们只有用勤奋的脑袋去思考，用勤劳的双手去耕耘，用勤恳的心态去工作，生命之花才会绽放出异彩，人生之路才会越走越宽敞。

伟大的俄罗斯音乐大师柴可夫斯基曾说过：“即使一个人天分很高，如果他不艰苦操劳，他不仅不会做出伟大的事业，就是平凡的成绩也不可能得到。”是的，勤奋是通往成功的必经之路，懒惰是成功路上的“拦路虎”。只有勤奋，才能战胜贫穷；只有勤奋，才能获得幸福的光环；只有勤奋，才能采摘胜利的果实；也只有勤奋，才能看到希望的曙光和光明的前途。

原一平，日本保险业连续 15 年全国业绩第一的“推销之神”，就是一个超级勤奋之人。

原一平的个子很矮还很瘦，站在人堆里完全绽放不出任何光彩。所以，他只能靠勤奋来弥补这所谓的先天不足。

23 岁那年，他离开家乡到东京闯荡，在应聘明治保险公司推销员的面试现场，面试官对其貌不扬的他不屑一顾，第一句话便是："你不能胜任。"原一平对此极为不甘，在跟面试官进行了几轮舌战之后，他承诺每月推销 10000 元，面试官才勉强同意让他做个见习推销员。

做见习推销员的最初 7 个月里，原一平说得声音都嘶哑了，还是没能推销出一份保险。但原一平并未气馁，而是努力寻找自己失败的原因。他发现公司里那些业绩好的推销员同事，每天的精神状态都很好，不管是说话的语气还是对人的态度，都是那么令人舒服。经过一番思考，他认为自己要想成功推销出保单，首先要学会微笑待人，热情待人。原一平认为婴儿般天真无邪的笑容最具魅力，所以他每天都很努力地去苦练婴儿般的笑容，以期拉近跟客户间的距离。

由于一直以来原一平都没能推销出保险，一分薪水也没拿到，拮据的他为了省钱只好步行去上班，中午也没饭吃，晚上也只能睡在公园的长凳上。尽管生活如此之艰苦，原一平那颗勤奋刻苦的心依然不变，再苦再累也不忘每天苦练婴儿般的笑容。

功夫不负有心人，一番勤学苦练之后，原一平终于练成了婴儿般的笑容，之后他继续保持积极向上的勤奋势头，每天清晨 5 点就起床从公园徒步去公司上班，一路上，他还不停地微笑着跟擦肩而过的行人打招呼。一位绅士经常在他去上班的那条路上遇见他，看到他每天都那么精神抖擞地向他打招呼，便主动邀请原一平跟他共进早餐。

原一平当时的确饿得两眼昏花，但拥有一副傲骨的他还是委婉地拒绝了。不过那位绅士在得知他是保险推销员时，当即便跟他买了一份保险。就这样，原一平签下了他生命中的第一张保单。之后，保单陆续而来。这位绅士可是一家大酒店的老板，帮他介绍了不少保单业务呢。就是那一年，原一平开始在销售界崭露头角，9个月内创下了16.8万日元的业绩，不仅超过了当日面试时他向主考官承诺的数额，更是领先于公司其他保险推销员。

之后，经过几年的奋力拼搏，原一平这个当初并未被领导或是同行看好的家伙，推销业绩竟然名列公司第一了。但他并不满足于此，不知经过多少个日夜的冥思苦想，原一平想出了一个大胆的推销计划，即找保险公司的董事长串田万藏要一份介绍日本大企业高层次人员的推荐函，大幅度高层次地去推销保险业务。

原一平之所以选择串田先生，是因为他不仅是明治保险公司的董事长，还是三菱财团的最高首脑，想要将保险业务打入三菱所有组织及与三菱相关的所有大企业，必须得找串田先生。但由于保险公司有“凡从三菱来明治工作的高级人员，绝对不介绍保险客户”的约定，原一平的这个大胆的构想很可能只是个空想罢了。不过，原一平并未因此而却步，他觉得公司的这个约定有所偏差，于是还是想尽办法去见了串田先生，极力向他推销自己的这个“伟大计划”。串田先生本来是对原一平不顾公司约定且又越级推销的行为极为不满的，但是深入思考之后又觉得原一平的这个计划对公司的发展十分有利，故召开临时董事会决定将三菱有关企业全部退休金投入明治公司作为保险金。

得到串田先生的大力支持，原一平 3 年内创下了全日本第一的推销纪录，43 岁之后还连续 15 年保持全国推销冠军的头衔，且连续 17 年推销的数额高达百万美元。鉴于原一平在销售业界的杰出成绩，1962 年日本政府特别授予他“四等旭日小绶勋章”，1964 年世界权威机构美国国际协会颁发给他全球推销员最高荣誉——学院奖，除此之外，他还成为明治保险的终生理事，业内的最高顾问。

勤奋是实现理想的基石。回望自己一路走来的艰辛，原一平感慨万千，若不是当初没日没夜地苦练婴儿般的微笑，每时每刻都在苦想各种推销计划，恐怕他这辈子都难接到人生的第一份保单，永远也不可能成为销售业界的顶级人物。

业精于勤，荒于嬉；行成于思，毁于随。勤奋，是世界上一切成就的“催产婆”。人，只有用勤奋的脑袋去思考，用勤劳的双手去耕耘，用勤恳的心态去工作，生命之花才会绽放出异彩，人生之路才会越走越宽敞。

俗话说得好：“勤奋是走向成功的唯一途径。没有它，天才也会变成呆子。”所以，想要获得事业成功的人，想要拥有幸福人生的人，必须秉承勤奋的优良传统，摒弃懒惰这个陋习。

美妙的人生要靠勤劳创造

只有用勤劳的双手去播种希望，才能收获美好的人生，收获成功的硕果。

世界上所有的美好生活，都是靠勤奋的双手创造出来的。再瑰丽的梦想，没有苦干和实干精神，最终也都只能是个空想。

美国第 44 任总统贝拉克·侯赛因·奥巴马二世，就是一个善用勤劳的双手开创自己美好生活和伟大事业的人。

1983 年夏天，奥巴马从哥伦比亚大学毕业后去了收入极低的社区组织工作。那是他的第一份工作。他在那里工作三年，看到了很多社会的阴暗面，这使他暗暗下定决心要改革时弊。之后，他所做的一切都是为了实现这个伟大的理想。

在社区工作的时候，奥巴马每天就拿着一张地图，开着一辆破旧的本田车穿行在芝加哥的贫困社区里，和当地的黑人牧师一起动员中低收入的黑人们参与改变生活处境的项目。工作内容不简单，也不轻松，奥巴马对此没有半句怨言，三年如一日地在本职工作岗位上孜孜不倦地劳动着。与他共事过的同事对他的评价极高，认为他的处事能力非常强，而且在他身上有一点最为出色，那就是一个“勤”字。

奥巴马结束了社区工作之后考取了哈佛法学院。他在这所知名的学府里不仅汲取了知识的养分，还充分地展示自己的才华，做了知名专业学术月刊《哈佛法学评论》的首位黑人主席，这更加坚定了他要从政要“改变美国社会”的想法。

从哈佛法学院毕业后，奥巴马回到芝加哥开始了政治生涯。尽管当时他就职的律师事务所规模不太大，却与政界联系密切，以处理民权纠纷的诉讼见长，他在那里慢慢为自己的政治生涯打下了根基。

1996 年，奥巴马成功当选为伊利诺伊州参议员，那是他政治生涯的起步。2004 年，奥巴马当选为联邦参议员，才算正式踏上全国政坛。当时的奥巴马名不见经传，很多人都不认识这个黑人议员，也不太信任他。可是他的学识和口才深得当年民主党总统候选人约翰·克里赏识，才得以在民主党全国代表大会上发表主旨演讲。

“没有所谓自由派和保守派的美国，只有美利坚合众国，没有黑人、白人、拉丁美洲裔和亚洲裔的美国，只有美利坚合众国。”

奥巴马在党代会上如此描述他梦想中的美国，他的演说得到了很多人的赞同，他也因此成为美国政坛新星，这为他后来成功当选美国总统打下了坚实的基础。

不过当他宣布要参加总统选举时，无论政界还是媒体，都不看好他。他的身世和背景过于非主流，非洲裔血统容易触动美国政治生活中最为敏感的种族话题，就连他的性格魅力、出众的口才和过人的学识都成为他选举的障碍，大家觉得他夸夸其谈，缺乏实干经验。但是奥巴马并没有因此而气馁，而是继续向他的理想努力，继续用他勤劳的双手去做自己该做的、想做的、能做的事——他和他的竞选班子奋战在选举的最前线，动用互联网和手机短信等高技术手段争取年轻选民的支持，结果募得高额竞选资金，创下了筹款1.5 亿美元的纪录。

在大选进入最后阶段时，奥巴马在围绕经济、伊拉克战争等重大话题时表现出充分的灵活性，展示出作为未来国家领袖应有的务实精神。如奥巴马曾因反对现任共和党人政府发动伊拉克战争而出名，因要求政府无条件撤出美军驻伊拉克部队而得到民主党自由派人士的支持；一些黑人选民质疑他参与黑人民权运动有限，且是由白人母亲和外祖母抚养长大的，并非传统意义上的美国黑人，奥巴马大胆地反击说他同样因为肤色受过歧视，称自己的存在显现出美国民权运动的进步；针对民众对他从政经验不足的指责，他以自己竞选班子的成功运作予以反击……奥巴马的每一次努力，每一场反击都深深地触动了选民的心，正是他那种认真的态度，务实的精神和孜孜不倦的努力打动了绝大多数选民。

功夫不负有心人。奥巴马的努力最终使他得到了选民的信任，在最后时刻，绝大多数选民都给他投去了神圣的一票，使他这个既无财力支持，在首都华盛顿政坛也人脉有限是平民出身的黑人胜出了，成为美国的新一任总统。

如果非要说奥巴马 2008 年当选总统的原因中有幸运的成分的话，那么 2012 年他得以连任，难道也是幸运吗？谁都不可否认，奥巴马执政四年间，对内实施了汽车挽救行动，出台了减税政策，大力推进了全民医疗改革，阻止了美国经济大萧条，对外结束了伊拉克战争，击毙了“恐怖大亨”拉登，这些政绩实实在在地摆在那里，成为奥巴马连任的最大筹码。

奥巴马正是用他长期艰苦卓绝的奋斗精神赢得了选民的支持，用一双勤劳的双手为自己创造出了一段又一段精彩美妙的人生。

当今社会，不管经济如何发展，社会如何进步，人的观念如何转变，只有勤劳的双手能够创造出奇迹，创造出美好。每个人都有梦想，每个人也都想有个精彩美妙的人生，但是如果你没有一双能够“点石成金”的勤劳的双手，你这辈子就只能做个平庸之人，一生碌碌无为。

俗话说:“春天不播种，夏天就不会生长，秋天就不能收割，冬天就不能品尝。”人要想在竞争中求得生存，在大千世界的浮沉中求得发展，就必然要付出辛勤的汗水，付出艰辛的劳动。

“勤能补拙是良训，一分辛劳一分才。”只有用勤劳的双手去播种希望，才能收获美好的人生，收获成功的硕果。

浪费时间如同浪费生命

时间是世界上一切成就的肥沃土壤，如果你将时间拿去浪费，那么给你再多的时间都不够你浪费的；如果你分秒必争的话，那么给你再少的时间你也可以创出无限的精彩。只有惜时如金，才能让有限的生命为无限的创造力服务；只有惜时如命，才能做到时刻准备着迎接机遇的到来，成就自己别样的人生。

浪费时间如同浪费生命，会使人错过生存和发展的好时机。因为时间就像手中的沙子，无论你是摊开还是握紧，它总会从指间流逝。我们只有将沙子一粒粒地堆积起来，才能建成高楼大厦，时间也是一样，若是一分一秒地将其浪费掉，就很有可能错过使自己更好地生存和发展下去的好时机。

机遇总是降临在时刻准备着的人身上，且机遇不是突然出现，就是不知不觉地闪现，不知道多少人在蓦然回首时才发现，自己错过了大好时机。

哈佛有一项调查报告指出：人的一生中，平均只有 7 次决定人生走向的机会，两次机会间相隔约 7 年，大概 25 岁后开始出现，75 岁以后就不会有什么机会了。这 50 年里的 7 次机会，第一次不易抓到，因为太年轻；最后一次也不用抓，因为太老。这样就只剩 5 次机会了，这 5 次机会里面如果又有两次不小心错过的话，那么人这一生，就只有 3 次机会了。如果我们不好好地把握时间，不时刻准备着的话，那么偷偷溜走的时间必然会很不客气地把我们仅剩的 3 次机会给带走，那么这一生，我们岂不是与成功无缘，与幸福绝缘？

“时间是不可挽回的，一旦错过，便覆水难收。”备受尊崇的中国青年商界领袖田宁常常将这句话挂在嘴边。

田宁是中国互联网的新锐，全球最大的中文网站联盟盘石网盟的创始人、董事长兼 CEO，全面负责盘石的战略与运营管理。他的成功，并不是偶然，也不是幸运，更不是唾手可得，而是他一直将时间当成生命来珍惜的结果。可以说，他昨日所做的一切努力，都是为了获得今日的成就。

田宁向来都不浪费半分半秒，在浙江大学就读时就不停地利用自己的课余时间去做销售员，他几乎销售过任何可以销售的东西，如方便面、香烟、随身听、磁带、玉佩等。一来可以积累社会经验，二来可以减轻家里的经济负担，从大一开始他就没向家里要过一分钱，大学毕业时他居然存下了 1 万多元的积蓄。此外，他在做销售员的过程中除了推销实物赚钱存钱之外，还特别注意抓紧时间"销售"自己——做家教、办话剧社、当学生会主席，为自己毕业之后创业铺路。"做家教是向别人推销自己的知识与才华，办话剧社是推销自己的组织能力与协调能力，当学生会主席是推销自己的韬略以及领导能力。"通过四年的培养和积累，田宁各方面的能力明显都比同龄人高，这才促成了他跟两名浙江大学的在校生创建了浙江大学首家大学生计算机网络技术有限公司。

大三的时候，田宁因看了很多网络新贵一夜暴富的新闻，明显地感觉到网络可以给人带来无限商机。于是，并不是计算机专业出身的田宁大胆地邀约了两个同样不是计算机专业出身的同学，开始筹划创建中国考试网。那个时候高考或雅思查分过程很长，他们就想办一个能快速提供查分服务的有偿网站，不过网站成立之初，没有风险资金愿意入股，也没有任何盈利，所以公司面临生存和债务的双重压力。

此时，田宁又发现了一个新的商机。那时同学们正兴起买计算机，于是他看准时机把公司的主营业务改为计算机硬件销售，这下他可不愁没生意了，也因此慢慢积累了一些资金。

2004 年计算机硬件销售进入微利时代，且网络营销在国内又刚刚兴起。具有敏锐投资眼光的田宁认为，互联网没有物流，不需有库存，只要有网络就可以做任何事，故而存在很多可能性。于是，他瞄准了这个商机创办了浙江盘石信息技术有限公司，专门开发软件为想在互联网上做广告的中小企业提供服务。

田宁原本以为招聘几个程序员、业务员，再租个房子开发软件，100 万元应该差不多的，可是他装修完场地，买了计算机服务器后已经超出预算 100 多万了。之后的两年，公司又都在亏，不过幸好他坚持下来了，在不断亏损的过程中摸索出了一套适合企业发展的网络服务运营模式。在这套新模式的引领下，盘石公司不仅代理了百度在浙江的广告，还与国际、国内最具影响力的网络巨头们建立了长期紧密的互联网广告产品合作伙伴关系，同时还拥有大量的网络媒体资源。从 2006 年起，盘石公司步入飞速增长期，不到 4 年的时间便成为国内网络广告营销领域前 3 名的领军企业，创造了一个“盘石神话”。

别以为田宁在创业之初才惜时如金，在创业获得巨大成功之后就肆意妄为任意挥霍时间了，2012 年被世界经济论坛授予“全球青年领袖”称号的他依然非常珍惜自己的每一分每一秒，他的行程表经常是精确到分，不管是在车上、飞机上还是在吃饭，他都有可能是在看书或是在处理工作事务。

时间是世界上一切成就的肥沃土壤，如果你将时间拿去浪费，那么给你再多的时间都不够你浪费的；如果你分秒必争的话，那么给你再少的时间你也可以创出无限的精彩。只有惜时如金，才能让有限的生命为无限的创造力服务；只有惜时如命，才能做到时刻准备着迎接机遇的到来，成就自己别样的人生。

比别人更早地努力

在迈向成功的道路上，你不比别人更早、更勤奋地努力，就永远也不可能品尝到成功的甜美果实。

有人说，只有比别人更早地努力，才能使自己不输在起跑线上，而有可能赢在起跑线上；只有比别人更早地努力，才能更好地给自己的人生定位，使自己在遭遇艰难险阻之时立于不败之地；只有比别人更早地努力，才能凡事抢先一步，更快地抓住机遇初尝成功的喜悦。

是的，不是每一个人都具有优越的条件，惊世的才华，人们都希望自己能够获得成功，能够采摘到幸福的果实。然而，世界上并没有比人更高的山，也没有比脚更长的路。既然先天条件不比别人厉害，那么只有比别人更早地努力，比别人付出更多辛勤的汗水，才能更快地品尝到成功的滋味。

我国有位数学家，毕生共发表了150多篇学术论文，留下了《堆垒素数论》《指数和的估价及其在数论中的应用》《多复变函数论中的典型域的调和分析》等多部巨著，其中有8部被列为20世纪数学的经典著作，被国外的出版社翻译出版。可是，没有人会想到，这个在国际理论科学界中如此有成就之人竟然没有学位，完全是靠自学成才的！这位自学成才的数学大师就是华罗庚。

华罗庚没有显赫的家世，也没有优越的生活条件，有的只是闻鸡而起的比别人更早地开始努力奋斗的精神。正是这种精神助他在数学领域取得不朽的佳绩，使他在国内外数学界享有赫赫声名。

或许大家都很好奇，华罗庚是怎样与数学结下不解之缘的吧。这要追溯到他的中学时代。那是一堂数学课，老师给同学们出了一道难题，这道难题在当时非常有名，题目是这样的：今有物不知其数，三三数之余二,五五数之余三,七七数之余二，问物几何？华罗庚听完题目后马上心算给出了答案。老师当即对华罗庚大加赞赏，同学们也都向他投去了赞许的目光。他喜欢这种被肯定的感觉，所以喜欢上了数学。然而遗憾的是，从初二开始，他便因家庭贫困而辍学了。

辍学之后不能再从课堂上汲取到数学养分，华罗庚就只能自学了。白天家里有许多活要干，根本无暇进行数学学习和研究，于是他便养成了每天早早起床，在正式开始一天的劳作之前认真地学习和思考的良好习惯。这个习惯伴随着他的一生，他后来功成名就之后也一直保持着。另外，华罗庚还有一个好习惯，那就是善于利用零星时间，只要一有空闲，他就会捧书阅读或是拿纸笔写写算算，有时身边没有纸和笔，他就利用心算来解题。

通过不断自学研究，1930 年春，年仅 20 岁的华罗庚在上海《科学》杂志上发表了一篇题为《苏家驹之代数的五次方程式解法不能成立的理由》的论文。这篇论文引起了清华大学数学系主任熊庆来教授的关注，他认为华罗庚已经具备了担任大学教师的水平和资格。于是在他的牵线搭桥下，华罗庚到清华大学数学系做了助理员。这给他进行学术研究提供了一个便利的环境。在做助理员期间，华罗庚陆续在国外著名的数学杂志上发表了他的研究论文，他的数学才华也因此受到了社会各界，尤其是数学界的认可。鉴于他在数学领域的出色成绩，清华大学破例将其提升为助教。

华罗庚是一个具有前瞻性的数学家。中国当时的发展前景是工农结合，他看到了，并于 1964 年给毛泽东同志写了一封信，充分表达了自己要走与工农相结合的道路的决心，他一心要将数学方法直接应用于工农业的生产之中。毛泽东同志在给他的亲笔回函中写道:“壮志凌云，可喜可贺。”此后，他经常深入工厂进行数学应用的普及工作，亲自带领中国科技大学的师生们到一些企业工厂推广和应用“双法”，即优选法和统筹法，同时还利用业余时间编写了科普读物《统筹方法平话及补充》和《优选法平话及其补充》为工农业生产服务。

总是先人一步去奋力拼搏的华罗庚，将自己的一生都贡献给了数学研究事业，为人类留下了多部旷世巨著，赢得了世界人民的好评。著名的数学家劳埃尔·熊飞儿德是这样评价他的："他的研究范围之广，堪称世界上名列前茅的数学家之一。"

成功是需要付出艰辛的努力的。在迈向成功的道路上，你不比别人更早、更勤奋地努力，就永远也不可能品尝到成功的甜美果实。只有比别人更早地努力，才能够抢占到制高点，占据独特的地理位置优势；只有比别人更勤奋地努力，才能不断地将自己推向靠前的位置，最终将其他人远远地抛在身后。所以，朋友们，你准备好比别人更早地迈开脚步了吗？

任何时候都要比别人更勤奋

如果你想自己的生命之光变得更闪耀的话，想自己的人生之路变得更宽敞的话，想自己的人生价值更早实现的话，那么就一定要比别人更加勤奋努力，使自己变得越来越强大。

没有人天生就强大，也没有人随随便便就成功，要想自己变得更强大，要想赢得别人的喝彩，就要比别人更勤奋。只有比别人更勤奋，才能将平凡的人生过得闪亮精彩；只有比别人更勤奋，才能凝聚智慧成就梦想；只有比别人更勤奋，才能磨砺出坚强的意志，成就伟大的事业。

世界著名的杂交水稻专家，我国杂交水稻研究领域的开创者和带头人袁隆平，任何时候都比别人勤奋，即使到了古稀之年，他的生活还是这样的："我不在家，就在试验田；不在试验田，就在去试验田的路上。"正是这种时时刻刻勤奋钻研的精神，使他能够十年如一日地顶着烈日四处寻找优良品种，使他能够用尽毕生的精力去钻研水稻的变化，我国才拥有了解决粮食安全问题的关键技术，人类才拥有了驱逐饥饿的新的希望。

1953 年，大学毕业的袁隆平被分配到湖南省怀化地区的安江农校任教。

1960 年，中国发生了全国性的大饥荒。袁隆平目睹了大饥荒造成的惨烈情景，这一切深深地印在他的脑海里，久久挥之不去。无数个夜晚，他辗转难眠，只要一想到当时的情景，他的眼泪就抑制不住地流下来。“我一定要在农业科研上搞出点名堂来，不能再让我们的同胞因饥饿而失去宝贵的生命了！”在这个伟大的信念支撑下，袁隆平利用自己的工作之便，专心地研究起水稻的种植来，他要研究出新的技术以提高水稻的产量，解决全国人民的温饱问题。

1960 年 7 月，一个意外的发现让袁隆平惊喜不已。他在农校试验田中看到了一株特殊性状的水稻。他利用该株水稻进行试种，发现其子代有不同的性质。因为水稻是自花授粉，不会出现性状分离，所以他猜测该水稻应该为天然杂交水稻。之后，他把雌雄同蕊的水稻雄花人工去除，授以另一个品种的花粉尝试产生杂交品种。1964 年 7 月 5 日，他又在试验稻田里找到了一株天然雄性不育株，经人工授粉结出了数百粒第一代雄性不育株种子。

1965 年 7 月，他在 14000 多个稻穗中逐穗检查到了 6 株不育株，并在此后两年的播种中，共有 4 株成功繁殖了 1~2 代。其研究彻底推翻传统经典理论米丘林、李森科的“无性杂交”学说，并推论水稻亦有杂交的优势，可以通过培育雄性不育系、雄性不育保持系和雄性不育恢复系的三系法途径去培育杂交水稻，以大幅度地提高水稻的产量。

经过几年的观察和试验，袁隆平对水稻雄性不育材料有了深入的认识，根据所积累的科学数据以及知识，他于 1966 年在中国科学院的《科学通报》上发表了题为《水稻的雄性不孕性》的论文，叙述了水稻雄性不育株的特点。之后，他和他的科研组废寝忘食地在研究水稻雄性不育株这条路上艰难地走下去。

从 1964 年袁隆平发现天然雄性不育株起，6 年时间里，他每年的两个季节先后用 1000 多个品种做了 3000 多个杂交组合育种试验，仍然没有培育出不育株率和不育度都达到 100% 的不育系来。但他依然坚持着，依然每天在田地里顶着烈日，踩着烂泥，弯着腰培育着，钻研着。直到 1995 年 8 月，袁隆平才郑重地向全国人民宣布：“我国历经 9 年的两系法杂交水稻研究已取得突破性进展，可以在生产上大面积推广了。”

1997 年，中国开始实施超级杂交稻计划，袁隆平和他的研究队在不到 10 年的时间里取得了举世瞩目的成绩：第一期亩产 700

公斤的目标已于 2000 年实现并在全国大面积推广；第二期目标亩产 800 公斤，从 2003 年起开始百亩片示范种植，到 2004 年全面达到目标，比原定计划提前了 1 年；2005 年，在湖南会同县种植的千亩示范片喜获成功，2006 年已开始大面积推广。

2006 年，对袁隆平来说，真的是一个值得纪念的特殊年份，因为他领导下的中国超级杂交稻计划再结硕果，亩产 800 公斤的第二期超级杂交稻开始进行大面积的推广了。这意味着什么？意味着这个世界每年可以多养活 3000 万人啊！所以袁隆平在接受记者采访时喜滋滋地说：“我们的超级稻计划比日本晚了 16 年，比国际水稻所晚了 7 年，但现在，我们跑到了世界的最前沿。”

“既然我国的杂交水稻技术已然跑在了世界的前列，那么就要推广出去，要让全世界的人民都不再被饥饿所困。”袁隆平带着这样的念想，先后出访了印度、越南、缅甸、菲律宾、孟加拉国等多个发展中国家，传授我国的杂交水稻技术。目前，仅越南就已种植杂交水稻 900 万亩，成为亚洲仅次于泰国的第二大大米出口国。“是他让我们远离饥饿的威胁，引导我们走向一个丰衣足食的世界。”美国著名的农业科学家唐·帕尔伯格如此称赞袁隆平。

眼下，超级杂交稻研究已跨入了将常规育种技术与现代生物技术结合的阶段，袁隆平也进入了杖朝之年，回忆起他带领着全国人民甚至是世界人民走向一个丰衣足食的世界的艰苦经历，他并未觉得累，反而说："如果我的身体允许的话，我还会继续干下去。"

"他在近半个世纪的时间里，在杂交水稻攻关的每一个关键时刻，每一个困难面前，都始终坚守目标，锲而不舍进行科学探索；在杂交水稻领域的每一个发展阶段，每一项重大技术创新，都贡献出了非凡的经验、智慧与学术思想。"这是新华社对袁隆平在杂交水稻上所做贡献的浓缩介绍。"杂交水稻之父"这个响亮的称号，对他来说真的是实至名归，他用自己的实际行动告诉全天下的年轻人，只有比别人更勤奋、更努力、更用心，才能出成效结硕果！

如果你想自己的生命之光变得更闪耀的话，想自己的人生之路变得更宽敞的话，想自己的人生价值更早实现的话，那么就一定要比别人更加勤奋努力，使自己变得越来越强大。

要保持努力的劲头

人活着，就是要不断地去追求人生的新高度，不断地去攻克一个又一个难关，打赢一场又一场胜仗。所以即使昨天的你已然获得了成功，今天的你依然要继续努力，明天的你才能继续被成功的光环笼罩，这样，你的人生才会变得更加精彩，你的生命之花才能开得更加绚烂。

生命不断地需要新高度，因为它要不断地延续下去；成功也不断地需要新高度，因为它需要守护、需要持续发展。所以，如果有一天你获得了成功，梦想也实现了，也还是要继续保持勤奋努力的劲头，那样才能守住成功，使自己实现更高的理想，获得更大的成就。

阿尔伯特·爱因斯坦是继伽利略、牛顿以来最伟大的物理学家，曾于 1999 年 12 月被美国《时代周刊》评选为“世纪伟人”。

这位 20 世纪最伟大的物理学家 1900 年从苏黎世工业大学毕业后却一直找不到工作，仅靠做家庭教师和代课教师过活。在失业一年半之后，他才在同学格罗斯曼的帮助下到了瑞士专利局做一名三级技术员，直到那时他的生活和工作才算是安定下来，他的事业也由此慢慢拉开帷幕。

尽管毕业之后一直处于失业状态，但是爱因斯坦在为生计奔波忙碌之余，还是会尽量抽出时间搞他的物理研究。从 1900 年到 1904 年，爱因斯坦每年都会写一篇论文在德国《物理学杂志》上发表。前两篇是关于液体表面和电解的热力学，企图给化学以力学的基础，但是后来他发现此路不通就转而研究热力学的力学基础。1901 年时他提出统计力学的一些基本理论，在 1904 年前发表了 3 篇关于此领域的论文。

之后从 1904 年开始，爱因斯坦认真探讨了统计力学所预测的涨落现象，发现了能量涨落取决于玻尔兹曼常数，且将这一结果用于力学体系和热现象，得出辐射能涨落的公式，从而导出维恩位移定律。涨落现象的研究，使他于 1905 年在辐射理论和分子运动论两方面同时取得了重大的突破。

1905 年，爱因斯坦利用业余时间写了 6 篇论文，在 3 个领域做出了 4 个有划时代意义的贡献，发表了关于光量子说、分子大小测定法、布朗运动理论和狭义相对论等 4 篇重要论文。3 月，他将论文《关于光的产生和转化的一个推测性观点》投给德国《物理年报》。这篇论文把普朗克 1900 年提出的量子概念推广到光在空间中的传播情况，提出了光量子假说。在论文的末尾，爱因斯坦用光量子概念轻而易举地解释了经典物理学无法解释的光电效应，推导出光电子的最大能量同入射光的频率之间的关系。4 月和 5 月，他还完成了两篇关于布朗运动研究的论文——《分子大小的新测定法》和《热的分子运动论所要求的静液体中悬浮粒子的运动》，解决了半个多世纪以来，科学界和哲学界不停地争论的有关原子是否存在的问题。6 月，他完成了开创物理学新纪元的长论文《论运体的电动力学》，完整地提出了狭义相对论，在很大程度上解决了 19 世纪末出现的古典物理学的危机，改变了牛顿力学的时空观念。这篇论文的问世，创立了一个全新的物理学世界，它算是近代物理学领域上最伟大的一场革命。

对于“1905 奇迹年”自己在光、热、电物理学三个领域所取得的成功，爱因斯坦并未感到骄傲，也没有停止自己勤奋刻苦地研究物理学的脚步，反而更加积极努力地去研究物体的惯性同它所含的能量之间的关系，继续在科学道路上越走越远。

1921 年，爱因斯坦凭借“光电效应定律的发现”这一伟大成果而获得了诺贝尔物理学奖，成为世人瞩目的大物理学家。在爱因斯坦看来，这只是对过去自己所取得的科学成就的一个肯定，是过去式，他要的是将来，他觉得未来的自己还可以做出更多更大的成就。所以，他依然勤勤恳恳地继续做他的研究，不久之后又发现了康普顿效应，解决了光子概念中长期存在的矛盾，推测出量子效应可能来自过度约束的广义相对论场方程等。

鉴于爱因斯坦在科学领域做出的卓越贡献，人们用“他拨散了笼罩在物理学晴空上的乌云，迎来了物理学更加光辉灿烂的新纪元”这一句话来总体评价他这一生持续不断地在科学的道路上取得一个又一个辉煌的成就，充分肯定他长期坚持用辛勤的汗水来守住自己的成功。

人类奋斗的最伟大动力来自梦想与坚持。人活着，就是要不断地去追求人生的新高度，不断地去攻克一个又一个难关，打赢一场又一场硬仗。所以即使昨天的你已然获得了成功，今天的你依然要继续努力，明天的你才能继续被成功的光环笼罩，这样，你的人生才会变得更加精彩，你的生命之花才能开得更加绚烂。

最重要的是把握好现在

过去已然成为过去，明日还未到来，只有此刻，也就是现在，才是实实在在存在的，我们只有于现在这一刻播下希望的种子，才能在丰收的季节里采摘到胜利的果实。人，只有牢牢地把握住现在，才能通过长期坚持和一点一滴的积累成就自己伟大的梦想。

《纽约时报》曾在醒目处刊登了一则广告，说某海滨城市有一幢靠海、向阳、有花园草地的豪华别墅公开出售，售价仅为一美元，后面还附有联系电话以及别墅的详细地址。

这则广告登了一个月又一个月，可是都无人问津。其实看到这则广告的人数不胜数，只是大家都觉得这个广告发布的是虚假信息，都把它当成一个笑话来看，因为没有人相信有天上掉馅饼那么便宜的事发生。

一天，一位退休老人读报的时候看到了这则广告，他因为好奇只卖一美元的别墅是什么样子，故仔细研究了一下这栋别墅的地址，又认真思考了一下才决定动身前去。

老人按照登报的地址顺利找到了这栋别墅，他简直不敢相信自己眼前所见的，别墅豪华气派极了！当老人参观完别墅，向别墅的主人——一位年迈的老太太打听报上所登的广告是怎么一回事时，老太太很肯定地告诉这位老人，这栋别墅确实只售一美元。因为她的丈夫在临死前立了一份遗嘱，要求她将卖这栋别墅的收入全部交给他的情人，而除了这栋别墅以外的其他所有财产都留给她。聪明的老太太便以一美元的价格出售这栋别墅，让丈夫的情人得不到一点好处。老人听完老太太的讲述之后，准备掏出一美元买下这栋别墅，可是老太太却表示，已经有人先老人一步来看别墅并签下了买卖合同。

想到不如做到，心动不如行动。老人真是后悔莫及啊！如果他一看到这则广告就立刻前来的话，说不定就能够用一美元买下这栋别墅了。

莎士比亚曾说过："在时间的大钟上，只有两个字：现在。"

过去已然成为过去，明日还未到来，只有此刻，也就是现在，才是实实在在存在的。我们只有于现在这一刻播下希望的种子，才能在丰收的季节里采摘到胜利的果实。人，只有牢牢地把握住现在，才能通过长期坚持和一点一滴的积累成就自己伟大的梦想。

一个 18 岁的少年，只用了 7 年的时间就跻身千万富翁的行列。

一个 18 岁的少年，居然有胆量挑战美国的运营商，而且还成功了！

一个 18 岁的少年，正是因为在时间的大钟上清清楚楚地看到“现在”两个字，认认真真地用好“现在”这个时刻，才能够取得如此令人瞩目的成就。

这位少年，就是巴基斯坦壁球冠军艾哈迈德·卡塔克。

2004 年，18 岁的艾哈迈德·卡塔克作为体育特长生得到全额奖学金，得以远赴美国耶鲁大学就读。当他来到耶鲁大学想要买一个手机给家人打个电话报平安时，因为他没有美国社保号码，所以买不了。

在全球科技最发达的国家却买不到一部手机打不了一个电话回家，这让年轻气盛的艾哈迈德·卡塔克十分懊恼，最终在室友的帮助下联名购买了一部手机才解决了他的燃眉之急。可是拿不到手机服务合同这事，深深地烙在了他的心上，他当即就发誓，一定要改变如此不公的现状，一定要！

之后，艾哈迈德·卡塔克在攻读电子工程和历史学位期间，不断地研究美国手机行业的商业模式，对于“消费者必须签下昂贵的两年服务协议，且提前取消协议要付出一笔不小的违约金”这些条件十分不满，加上他每周给巴基斯坦偏远地区的家人打电话都要花掉他近 50 美元的高昂费用，这更加坚定了他要改变这种现状的决心。

2007 年秋天，艾哈迈德·卡塔克去英国伦敦实习。在伦敦机场，他一出海关就找到了一台自动售货机，花 15 英镑买了一张当地的 SIM 卡，用更便宜的电话费打了电话回家。这事给了艾哈迈德·卡塔克很大的启发，他当即就做了一个决定：要在美国效仿这样的做法。为了将这个想法变为现实，艾哈迈德·卡塔克一直在默默地关注和等待着一个机遇，让他顺利地将这个创意变为现实。

2008 年，艾哈迈德·卡塔克毕业了，通过一段时间的研究和思考，他觉得是时候做点什么来挑战美国的运营商了。他首先求助于耶鲁大学的创业研究中心帮他解决签证问题，然后说服自己的牙医资助了他 50 万美元作为创业资金，之后经过一段时间的准备，他推出了电子商务网站 GSM Nation。消费者可以从这个网站上买到未锁定运营商的手机，可以选择使用任何网络，然后通过 Simple Mobile 或 H2O Wireless 等，从 T-Mobile 和 AT&T 大量购买语音和数据流量分销给消费者的第三方服务商，购买到便宜的月通话、短信和数据套餐。

艾哈迈德·卡塔克创办 GSM Nation 之初，很多人看到了其省钱的优点，但是因为美国运营商多年来的经营业绩早已树立了好口碑，所以大家起初还是抱着观望的态度。这对艾哈迈德·卡塔克来说，是一个坎，一个困难的坎，要是过不去的话，他创办的这个网站就会消失在人们的视野中。幸运的是，第一、第二、第三……个吃螃蟹的人试用了，发现真的要比美国运营商所报的价格来得便宜，这才慢慢得到人们的认可。可以说，艾哈迈德·卡塔克挑战美国运营商首战告捷，他总算可以暂时松一口气了。

GSM Nation 的业务理念是让客户自由选择设备，从而不再拘泥于运营商提供的有限产品组合，这对消费者来说绝对是个利好消息。2010 年 3 月，艾哈迈德·卡塔克的网站卖出了第 1 台手机，过了不到 9 个月，他的营业额已接近 900 万美元了。

在 GSM Nation 广泛进入寻常百姓家时，艾哈迈德·卡塔克又把销售目光集中到一些大集团公司上。他成功说服了公关公司 Astonish Media 集团更换服务商，将所有手机服务都转移到 GSM Nation，如此一来，每年帮其省下了 1 万多美元。在艾哈迈德·卡塔克的努力推动下，GSM Nation 的经营状况一天比一天好，2011 年营业额达到了 3500 万美元。到了 2012 年，营业额更是有增无减，高达 5000 万美元。

GSM Nation 之所以取得那么大的成功，主要原因是艾哈迈德·卡塔克在发现美国运营商的商业模式对平民百姓十分不利的那一刻就做出了要改变此等不公现状的决定。之后他所做的一切，包括创办 GSM Nation 网站挑战美国运营商，都是为了那一刻所做的那个决定而努力。

过去是个过去时，未来是个未知数，所以人的一生当中，现在会比过去和未来更加有意义。只有把握好现在这一刻，珍惜好生命中的每一个当下，人生才不会虚度，未来才不会只是一纸空谈。

第五章

成功的人懂得熬，失败的人懂得逃

熬是一种人生的升华。

成功的人懂得熬，失败的人懂得逃。

只有熬得住，才会看到柳暗花明；只有熬得住，才会赢得精彩；

也只有熬得住，才会活出特色来！

所以，人只有熬过狂风暴雨，熬过艰难苦涩，

熬过酸甜苦辣，才可能会有出头之日。

成功的人懂得熬，失败的人懂得逃

人生就像一锅粥，需要慢火熬制才能入味。人生就像一碗中药，掌握火候慢慢熬才能熬出药用价值。人生百味，也都是在悠悠的岁月之中熬出来的。所以无论人生路如何艰难，我们都要咬着牙坚持熬下去，只有慢慢地熬，才能熬出五彩的人生。

有人说，人生就像一锅粥，需要慢火熬制才能入味。也有人说，人生就像一碗中药，掌握火候慢慢熬才能熬出药用价值。不过不管是粥还是药，只要火候到了，滋味自然就有了。人生百味，也都是在悠悠的岁月之中熬出来的。所以无论人生路如何艰难，我们都要咬着牙坚持熬下去，只有慢慢地熬，才能熬出五彩的人生。

俗话说得好，成功的人懂得熬，失败的人懂得逃。湖南卫视《快乐大本营》节目的主持人谢娜，正是由于在人生的马拉松比赛中“熬”住了，所以获得了极大的成功。

被称为“快乐精灵”的谢娜走的是谐星路线，她的主持风格机智、幽默，当时在我国的主持界还是比较少见的，所以赢得了全国观众的热烈掌声。别看谢娜如今在观众面前意气风发、星光闪耀，她在成名之前，可是经受了很长一段时间的煎熬呢。

谢娜大学毕业那年参加了一个推新人的比赛，因得到评委的一致好评而获得了冠军。正巧一个电视剧制作人在这场比赛中相中了她，觉得她是个可塑之才，故邀请她在自己投资的电视剧里饰演一个小角色。就这样，谢娜带着对演艺事业的憧憬只身去了北京，正式加入了“北漂演员”的行列。不过这之后的很长一段时间，她都只能在电视剧中客串丫鬟什么的，以至于获得了个“丫鬟专业户”的称号。这让谢娜很不甘心，但是她不停地告诉自己，只要自己熬过这段艰苦的岁月，一切就会好起来的。所以不管戏份多么少，收入多么少，生活多么拮据，她都咬牙坚持自己的演艺事业，不动摇，不逃避，不放弃。

一次偶然的机会使谢娜得以加入《快乐大本营》栏目组成为主持人。尽管她很卖力地主持，很卖力地搞笑，但是当时观众并不买她的账，觉得她的主持风格太过另类，接受不来。所以有观众说，如果她再继续主持《快乐大本营》的话，就放弃收看这个节目。

谢娜真的没想到自己艰辛的付出却换来了观众的误解和差评，一时半会儿不知该如何是好了。是放弃主持这个节目呢，还是继续站在舞台上让观众继续品评？那时的谢娜，陷入了艰难的抉择之中。后来在听了几个朋友的意见之后，在认真地分析了自己的现状之后，她最终做出了一生中最正确的一个决定——熬下去，继续主持《快乐大本营》，并且坚持用自己的风格主持下去。

人们对于新事物的认识需要一个过程。谢娜另类的主持风格，在她的坚持下慢慢得到了观众的认可。如今，历经风雨之后的谢娜已然坐稳了《快乐大本营》“主持一姐”和内地综艺“一姐”的位置，也在多部大投资、大制作的电影、电视剧中担当了女一号，主持了各类大型文艺晚会，还出了唱片，影视歌多方位地发展。此外，她还把自己的人生经历以及这些年所受的煎熬形成文字，出版了《娜是一阵疯》《娜写年华》等著作，从影视明星跨行成为一名畅销书作家，事业可谓红红火火。

谐星之路，说窄不算窄，但是说宽也不算宽，长得清秀美丽的谢娜也还是有点不甘心一直做谐星的，但她的演艺事业之所以能够如此红火地发展起来，靠的就是她最初给自己的谐星的定位，以及自己一直坚持在谐星之路上稳稳当当地走下去。不过，与国内那些被称为“女神”的一线女明星相比，谢娜不管是在外形上、身材上还是才华上，都绝不逊色，所以，她心中也还是希望有一天自己能够跻身“女神”行列的。

2015 年，机会来了，谢娜终于“媳妇熬成婆”了！她受邀录制了湖南卫视的真人秀节目《偶像来了》，节目一播出便赢得了广大观众的好评，大家一致认为那个大大咧咧的“娜姐”已然蜕变为高贵美丽的“女神”。

2016年，谢娜在东方卫视开设了一个新的电视节目《娜就这么说》，在节目设置的“喜剧表演”“脱口秀”和“嘉宾访谈”三个环节中最大限度地展现集“谐星”和“女神”为一体的综艺优势和多面才能，充分展示自己机智的说话之道。节目一播出便得到了广泛的好评，将谢娜的演艺事业又推向一个新高度。

人生进退是常事，关键在一个“熬”字。

熬，表面上看是一种考验，实际上它是一种人生的升华，正如我国现代著名作家林语堂先生所说的那样：“捧着一把茶壶，把人生煎熬到最本质的精髓。”人，只有熬过狂风暴雨，熬过艰难苦涩，熬过酸甜苦辣，才会有出头之日。

所以，朋友们请一定要记住：“只有熬得住，才会看到柳暗花明；只有熬得住，才会赢得精彩；也只有熬得住，才会活出特色来！”

输不起就永远别想赢

没有人生来就锋芒毕露，只有经过失败的千锤百炼才能展现出绝世的锋芒，活出无限的精彩；只有在失败中汲取经验不断改进的人，才能一往无前，到达成功的彼岸；也只有经得起失败考验的人，才能勇攀高峰，采摘到胜利的果实。

我国近代思想家梁启超曾说过：“叠加失败等于‘成功’。”也就是说，成功源于无数次失败的叠加，一个不曾失败过的人一定不会获得成功。

没有人生来就锋芒毕露，只有经过失败的千锤百炼才能展现出绝世的锋芒，活出无限的精彩；只有在失败中汲取经验不断改进的人，才能一往无前，到达成功的彼岸；也只有经得起失败考验的人，才能勇攀高峰，采摘到胜利的果实。

亚伯拉罕·林肯，经历了无数次失败仍然百折不挠，最终成为领导了拯救联邦和结束奴隶制度伟大斗争的美国第 16 任总统。

林肯的童年是一部贫苦的简明编年史。他的父亲是一名鞋匠，收入不高，家里的经济比较拮据。所以林肯从小就活得很辛苦，家里大大小小的农活都被他一个人包揽。

1816 年，林肯一家迁至印第安纳州的西南部以开荒种地为生，但是家庭经济条件依然没有好转。林肯为了贴补家用，很早就辍学去打工了，当过摆渡工、种植工，还做过木工等。25 岁以前，林肯是没有固定职业的，什么工作赚钱就做什么。因天生对测算和计算有很高的天分，所以一次偶然的机会，他当上了一名土地测绘员，生活总算是有了些许改善。

林肯是一个很爱读书的人，常常拖着疲惫的身体在深夜里挑灯夜读，莎士比亚的全部著作他都读完了，《美国历史》他也研读过，另外还看过很多历史书和文学书。经过长期的阅读积累，他渐渐成为一个既博学又充满智慧的人，这为他之后一次又一次地发表动人心魄的政治演说打下了坚实的基础。

尽管他向来都很勤奋刻苦，但是命运对他极为不公。1832 年，他失业了。他在职场上摸爬滚打了那么多年，始终没有得到一份稳定的工作，也没有比较稳定的收入来源，这让他非常难过。打工无法让他过上轻松一些的日子，博学的他就想换个方式活，于是他鼓励自己去参加选举，去当政治家，去当州议员。可是结果依然不尽如人意，他竞选失败了。接连遭受了两次重大打击，他真的是快要崩溃了。幸好有书相伴，在夜深人静之时捧起他喜欢的书籍，受伤的心才慢慢地平静下来。后来，经过一番深思熟虑，他决定去创业。他创办了一家企业，却因经营不善，不到一年就倒闭了，他也因此背上了沉重的债务。他花了整整 17 年的时间到处奔波劳碌才得以还清。

17 年，人生有多少个 17 年！在这 17 年间，林肯订过婚，可是未婚妻却没等到结婚的日子就早逝了，他也参加了州议会议长的竞选和美国国会议员的竞选，可是也都失败了。繁重的债务加上一次又一次的失败，林肯简直就要气炸了！然而，他最终还是没有放弃自己，艰难地熬过去了。

1834 年，林肯在一场政治集会上发表了他的政治演说，不仅抨击了黑奴制，同时也提出了一些有利于公众事业的建议。这使他在公众中树立了良好的形象，故成功当选为州议员。从那时起，他才慢慢走向成功。

在当州议员的同时，林肯努力钻研法律，两年后通过自学成为一名律师，不久之后又成为州议会辉格党领袖。有了州议员的经验之后，林肯加足马力继续在更多的公众场合发表有益于民众的观点和建议，收拢民心。终于，在他 37 岁的时候成功当选为美国众议员。

1847 年，林肯以辉格党的代表身份参加国会议员的竞选，获得了全面胜利，得以来到首都华盛顿将他的政治生涯进行到底。在此期间，美国的奴隶主势力猛增，他们联合起来抵制林肯这个反对黑奴主义者，最后还迫使他退出国会继续做一个普普通通的律师，但是充满韧性的林肯依然坚信自己的政治生命并未结束，继续寻找机会再次登上政治舞台。

1856 年，林肯退出辉格党加入新成立的反对奴隶制的共和党，并以出色的才干迅速当上该党的主要领导人。经过无数次的失败磨砺，1860 年 11 月，林肯终于成功当选为美国总统。

1861 年，南北战争爆发。身为总统的林肯号召民众为维护联邦的统一奋勇作战，于 1862 年 9 月 22 日发表《解放黑人奴隶宣言》，使奴隶成为自由人纷纷加入他统领的北方军，增加了北方军的战斗力。南北战争于 1865 年 4 月结束，林肯获得了全面胜利，也因此于当年的 11 月再次当选为美国总统。

俗话说得好，成功者必是有失败觉悟之人，输不起就永远别想赢！

林肯正是因为输得起，在一次又一次的失败中坚强地站起来，勇敢地面对一切命运的不公和生活的苦难，才能够最终赢得美国人民的全力支持，领导北方军队在南北战争中大获全胜，同时还为美国资本主义的发展扫除了障碍——废除奴隶制，被美国人民封为“新时代国家统治者的楷模”。

人生就像一个大赌局，没有人永远都是赢家，也没有人永远都是输家。赢家不一定永远都一帆风顺，输家也未必永远都一败涂地。

失败乃成功之母。通往成功的道路上实在是有太多太多的绊脚石了，但只要你正确地看待这些绊脚石，不气馁，不退缩，不放弃，大胆果敢地跨过去，终有一天，你会获得你想要的成功的。

超越自我，挖掘潜能

人，只有在不断的超越中，才能找到最真实最强大的自我，才能激发出自己无限的潜能，使自己在生命的年轮里刻下永恒的精彩。

超越自我，跨越极限，才能不断地收获希望，创造出奇迹。人这一生，其实就是不断超越自我的过程。

人的生命是有限的，但是人的潜能是无限的。人，只有在不断的超越中，才能找到最真实最强大的自我，才能激发出自己无限的潜能，使自己在生命的年轮里刻下永恒的精彩。

我国台湾演员林青霞是港台电影界唯一一个能横跨文艺、武侠两种不同电影风格的女明星，她从影 21 年共出演了 100 多部影片，走红的时间从 20 世纪 70 年代到 90 年代，饰演了很多经典角色，无人能超越。不过，别人超越不了她，她却可以超越她自己，她也一直在努力进行自我超越。

林青霞 1954 年 11 月生于台北，1972 年从台湾金陵女中毕业后，在一次逛街的时候被星探发现，第二年即进入台湾电影公司做演员。她主演的第一部电影是根据琼瑶处女作改编的影片《窗外》，虽然此片因故未能与观众见面，但她在《窗外》中的演出十分出色，得到了导演和同戏演员的一致好评，也因此片约不断。

1975年，林青霞因在《八百壮士》中的出色表演而获得第22届亚洲影展最佳女主角奖，一跃成为台湾的首席文艺女星。之后，她成为琼瑶片的御用女主角，接连出演了《我是一片云》等影片，每一部都大获好评，因此，她慢慢成为万千影迷心目中的“女神”。

原本林青霞在台湾影坛树立的是玉女形象，是清纯型的女星，但是在1977年之后，她为了追求角色和演技上的突破，一改清纯的路线和风格，在《金玉良缘红楼梦》中反串男角，成功塑造了一个风流倜傥的贾宝玉形象，引起了很大的轰动。

然而，林青霞并不满足于此，此后的几年，她一边赴美国进修学习表演，一边出演影片。待学业完成之后，她把事业的重心转移到了香港，饰演了许多不同风格的角色，将她多样化的演技表现得淋漓尽致。

1990年，林青霞因主演女作家三毛编剧的《滚滚红尘》获得第27届金马奖最佳女主角奖。这个奖是她演艺道路上一个十分重要的里程碑。

1992年，林青霞再次反串出演《笑傲江湖之东方不败》，将她的演艺事业推向了又一个巅峰。然而，在成功塑造了众多经典角色之后，她于 1994 年宣布息影，“嫁作商人妇”做个好太太。

有人说，林青霞卸下荧幕女神的光环，心甘情愿的做丈夫邢李㷳背后的女人，一个是主角，一个是配角，落差也太大了吧！很多人都为林青霞感到不值，可是林青霞却乐在其中，因为她是在用生命演戏，用智慧生活，不仅在荧幕上塑造出像东方不败这等经典的荧幕形象，在生活中也成功塑造出自信、优雅、冷静、淡定、成熟、稳重的高贵典雅的妇女形象。

息影之后的她，起初一心一意地照顾家庭，之后为了突破自己，再创新高度，她看书、写书、练书法、结交文化界朋友，最后转型做了作家。

2004 年，林青霞开始在《明报》和《南方周末》等华文报刊上开设专栏。她写的第一篇散文叫作《沧海一声笑》，由此正式开启了她的写作之路。

2011 年，林青霞以作家身份推出了自己的散文处女作《窗里窗外》；2014 年，在 60 岁生日时再推出自己的新作《云去云来》，全方位地展示了她的生活态度和未来的定位，将她的写作事业推向了一个新的高峰。

2013 年，林青霞还受邀出任首位台湾文化大使。当大家都以为林青霞的美好荧幕时代已然定格在 20 世纪，她的写作事业将陪她度过晚年时，2015 年 61 岁的她再一次选择了在超越中崛起，参加湖南卫视的真人秀节目《偶像来了》，高调回归荧屏。尽管她已淡出娱乐圈 21 年之久，再次出山依旧是当之无愧的“人气王”，一出场便引来了现场粉丝的尖叫欢呼……

哈佛大学著名教授威廉·詹姆斯曾说过：“一个成功的人总是与他们自己竞赛，不断创造新的自我纪录，不断改善与提高。”人只有抓住每一个机遇迎接每一次挑战，不断地战胜自我，超越自我，才能到达事业的最高峰，才能使自己的生命更具色彩，才能取得人生的最后胜利。

人生如战场，自己是这场战役中的最高指挥官。你若想在这场战役中吹响胜利的号角，那么就一定要在超越中不断崛起，在崛起中不断超越……

成功的人找方法，失败的人找借口

成功的人会找方法，失败的人只会找借口；成功的人会提供具有建设性的意见，失败的人只会抱怨不停；成功的人会全力以赴，失败的人只会坐享其成……与其把时间浪费在为自己的失败辩解上，不如将这些时间用于寻找成功的方法上。

俗话说得好：“百分之九十九的失败都是因为人们惯于寻找借口。”是的，借口会把绝大多数人挡在成功的大门之外。

朋友曾跟我讲过一个故事，说一只小鸟被人关在笼子里养了很长一段时间，除了主人养的那只小花狗时常会跟它聊聊天之外，它没有任何朋友。

尽管主人并没有怠慢它，每天按时给它送餐，但它还是觉得日子过得很慢，自己活着一点儿意义都没有。它渴望自由，希望有一天自己能够自由地在天空中飞翔。但是它又很害怕自由，因为当初它是在外面受到野兽攻击受了重伤被主人捡回家精心护理，待它完全恢复了之后就把它豢养在家的，所以它很害怕外面的世界依然危机重重，害怕自己飞出去之后若是再受伤的话，遇不到像主人那么好心的人伸出援手施救，那就活不成了。所以，它一直很忧心，自己要不要想办法飞出去。

一天，它的主人打开笼门将食物递进去给它之后竟然忘了关笼门，这意味着什么？意味着小鸟终于有机会重获自由了！躺在鸟笼旁边的小花狗发现了之后便立即告诉它："小鸟小鸟，笼门没锁，没锁，你快点飞出去，飞出去！"

可是小鸟却纠结着犹豫着。小花狗十分着急，不停地催促道："你快点儿飞出来啊，快点儿！不然一会儿主人发现笼门忘了关回来关起来你就出不去啦！"

"可是，我真怕自己出去了适应不了外面的世界，毕竟，我与外面的世界脱节的时间太长了！"小鸟怯怯地说道。

"只有失败的人才会不停地为自己找借口，成功的人是不会找借口的，只会找方法。你不飞出去看看外面的世界，不努力去找方法适应不断发展变化的世界，你就永远只能做一只被关在笼子里坐吃等死的宠物鸟！那样活到老活到死，你甘心吗？"小花狗的话给了小鸟很大的触动和鼓舞，它深吸了一口气，张开翅膀，勇敢地飞出了鸟笼，飞向了天空。

这个故事正是应了这样一句话：成功的人会找方法，失败的人只会找借口；成功的人会提供具有建设性的意见，失败的人只会抱怨不停；成功的人会全力以赴，失败的人只会坐享其成……

没错，找借口推责任，不仅解决不了问题，反而更显示出自己的无能与失败。与其把时间浪费在为自己的失败辩解上，不如将这些时间用于寻找成功的方法上。世界上没有解决不了的问题和困难，只要我们积极用心地去想办法，就一定能够解决。

1981 年创建了软银集团，用了 33 年的时间将其发展成为一个信息技术帝国的国际知名投资人，软银集团董事长兼总裁孙正义，就是一个很会为成功找方法的人。

孙正义 1957 年出生于日本，16 岁的时候到了美国加州柏克莱大学就读。可能是因为主修经济的缘故吧，他一直都很有商业头脑，不停地找方法为自己赚到第一桶金。不过他跟其他同学的想法不一样，他并不想通过刷盘子来挣钱，而是想依靠比较高端的发明创造来赚取生活费。

孙正义搞发明也确实有一套，他每天至少会抽 5 分钟时间做一件事，即从字典里随意找三个名词想办法把它们组合成一个新东西，一年下来，竟然有了 250 多项发明。其中有一样是“可以发声的多国语言翻译机”，这是孙正义从字典、声音合成器和计算机这三个单词组合而来的。带上这样一个机器，人们便可以随时畅游多国，不会再因为语言不通而却步了。有了发明物，接下来孙正义就要为发明物找市场了。孙正义利用假期回国探亲的机会向日本各大公司推销自己的这个发明，最终，夏普公司用 1 亿日元买下了他的这个专利，使他赚到了人生中的第一桶金。

21 岁时，孙正义大学毕业后回到家乡，成立了 Unison World 股份有限公司。当时的他，并不想选一个赚钱的生意来做，而是想选一个能让他做至少 50 年的生意。这是一个长远的发展计划，有非常明确的发展目标，与其他创业者有明显的区别，其他创业者都是为了赚钱，而他想的却是让自己的事业能够长长久久地发展下去。

公司成立之初，孙正义根本就没想到自己到底要做什么，故列出了 40 项他可能要从事的事业，以公司的名义用了一年半的时间进行一系列的市场调查，拜访了各式各样的人，阅读了多种多样的书刊和资料，分别编制出了十年份的预估损益平衡表、资产负债表、资金周转表，还依时序的不同编出不同形态的公司组织图，做出沙盘推演。最后，通过对各项综合数据和资料进行详细的评估，孙正义决定做计算机软件批发业。同年 9 月，孙正义投资了 1000 万日元成立了软件银行，且在半年之内就与 42 家日本专卖店和 94 家软件从业者有了交易来往。为了扩大公司规模，他还成功说服了东芝和富士通公司对自己的软件银行进行投资。尽管孙正义用尽了心力经营这家公司，但最后还是因为经营不善而亏损，孙正义二话不说就把东芝和富士通等财团的投资资金退回，独自承担公司的损失。这一举动得到了软件行业前辈们的欣赏和赞誉，为他今后的事业发展奠定了信用基础。

1992 年，孙正义得到了思科系统的日本代理权，然后邀集了日本 14 家会社共同出资 4000 万美元投资一个项目。那一年，70% 的日本软件销售是由软件银行控制的。从那时起，孙正义的软件银行便进入了飞速发展时期。不过，孙正义并不满足于自己一手创立的软件银行只是在国内名声响亮。

1988 年起，孙正义便开始带领软件银行冲进国际市场。他首先在美国注册了公司，标志着软件银行跨国经营的开端，然后在 1995 年又大举进军互联网领域，仅用了 1 年的时间便在 55 家互联网企业中，共投入了 2.3 亿美元。

1996 年 3 月，孙正义领导下的软件银行又向阿里巴巴投入了 2000 万美元，帮它收购雅虎中国，并于功成之后身退，主动退股套现 3.5 亿美元。到了 2000 年，软件银行得以跻身日本前十大会社的行列，拥有了 300 多家美国企业和 300 多家日本企业的合资或独资企业，资产高达 400 亿美元。

“20 岁时打出旗号，在领域内宣告我的存在；30 岁时，储备至少 1000 亿日元资金；40 来岁决一胜负；50 来岁，实现营业规模 1 兆亿日元。”这是 19 岁的孙正义给自己定下的人生目标。如今，他的这个目标已然实现，2014 年 9 月 16 日，他成为日本首富，财富净值涨到了 166 亿美元。

人，只有不断地为成功找方法，不让问题和困难成为自己前行的绊脚石，努力将那些阻碍自己成功的问题或是困难变成机会，变成能够促使自己成功的加速器，才会离成功更近一些。

做好自己的人生规划

在茫茫大千世界里，我们只是一粒微小的尘埃，世界如果没有了我们一样可以很精彩，但是如果我们没有了我们自己，我们还会有什么？只有摒弃别人的标准，及早地对自己的人生做规划，为自己的未来做打算，然后努力地去实现它们，这样的人生才是完美的，没有遗憾的。

现在，不管是公众人物还是一般的平民百姓，有很大一部分人摒弃自己的意愿而活在别人的标准里，在别人的评判中去找寻自我的价值，把自己的快乐、幸福和价值观建立在别人认可的基础上。正如我从某杂志上看到的这样一个故事：

有位农夫从集市上买回来了一头小猪和一头小羊，将它们同时关在后院里圈养，不仅不让它们干活，还每天都按时给它们喂食，并对它们说，希望它们一天比一天长得胖长得壮。

小猪很享受这样的生活，吃吃喝喝又一天，不知多惬意！可是小羊却隐隐觉得有些不安，它觉得主人一味地让它们吃和睡，让它们长胖，很可能是想等它们长得够壮了就把它们宰杀掉拿去卖。想到这里，小羊默默地在心底对自己说：不！我不能活在农夫的标准里！我要有自己的人生规划！所以，它悄悄地利用吃和睡之外的时间提升自己的能力，每天除了三餐和睡觉时间之外，不是在后院里做运动，就是跑到那些每天帮农夫干活的驴子、骡子旁边讨教。

日子就这样一天天地过去了，小猪和小羊都渐渐长大了，小猪是越长越肥也越懒，小羊就越长越壮还越勤奋。

有一天，每天帮农夫驮稻谷去集市上卖的马生病了，小羊便毛遂自荐，说自己能够帮农夫驮稻谷去集市上卖。农夫半信半疑地将两大袋稻谷放到小羊的背上，小羊气也不喘一下地就把稻谷驮到了集市上，从此以后，农夫便将运货物去集市上卖的重任交给了小羊。

小猪说小羊笨得很，放着有吃有喝的好日子不过，非要去做苦力，可是小羊却说，这样的生活才是它想要的。没过几天，农夫觉得小猪已经长得够肥了，就把它宰了让小羊驮去集市上卖。

小猪和小羊一同长大，吃的是同样的食物，住的是同样的地方，可是两者的命运完全不同，一个成了餐桌上的美食，一个却成了主人的得力助手。原因就在于，一个活在自己的规划里，一个却傻乎乎地活在别人的标准里。

试问，为旁人而活着，活给旁人看，这样的生活有意思吗？答案当然是否定的了。人，只有摒弃别人的标准，及早地对自己的人生进行规划，为自己的未来做好打算，然后再努力地去实现它们，这样的人生才是完美的，才是没有遗憾的。

刘翔，一直以来都没有活在别人的标准里，而是活在自己的人生规划里。

大家都知道，刘翔之所以被誉为“亚洲飞人”，是因为他在雅典奥运会上一鸣惊人。他以 12 秒 91 的成绩平了由英国名将科林·杰克逊保持的男子 110 米栏的世界纪录，书写了中国田径新的历史。可以说，从那一夜起，他头上闪耀着无数炫目的光环，他红遍了世界的每一个角落；可以说，从那一刻起，他收获的不仅仅是无数的荣誉，更多的是无限的商机，他全身上下每一寸肌肤都是“金子”，去到哪里都十分耀眼。

然而，两年后的一天，刘翔在一次训练后不慎踩空台阶崴伤了左脚，足足休养了 70 天；2008 年，在冬训期间因避摄像机导致大腿拉伤，当年 6 月因右腿肌肉酸痛无缘纽约田径大奖赛。就这样，在新伤旧患的合力夹击之下，他在 2008 年 8 月的北京奥运会的赛场跑道上做出了令世人震惊且失望的决定：退赛！其实，在进入奥运村后，刘翔曾接受过核磁共振检查，发现他的右脚跟腱根部有炎症；北京奥运会前的一个月，他已经打封闭缓解疼痛了。所以他做出退赛的决定还是情有可原的，只不过他选择的宣布退赛的时间不对，因为他已经站在赛道上了。尽管他在退赛后表示“会回来的”，但人们还是接受不了他“登不了顶”的结果。

在大家心目中，刘翔是一个神话。全国人民对他的期望实在是太高了，给他设定了个标准，那就是他应该在各种赛事上不断突破自己，不断创出佳绩，他不应该倒下也不能倒下。可是，刘翔毕竟不是超人，只不过是一个凡人，也经历了很长一段时间的默默无闻。他之所以能够大红大紫，能够闻名于世，也是付出了很多艰辛的努力才得来的。所以他其实比谁都渴望自己能够一直这么成功，但是结果却不如人愿，意外总是于不经意间发生，他没法坚持完成北京奥运会的比赛，他比世界上的所有人都悲伤，都无奈，但是他更无奈更难过的是这个决定使他受到了千夫所指。

有人说他的脚根本就没有伤，只是心理素质太差，因害怕失利而不敢上场比赛；也有人说他确实有伤，只不过伤并不严重，他是担心那小小的伤影响他的正常发挥而错失冠军宝座；还有人说，他确实是伤得很严重，之所以选择在即将开赛之时退赛，是因为身上有很多广告合约需要他在奥运赛道上出现，不然就违约，他只好硬着头皮配合广告宣传……

面对外界诸多实与不实的猜测，面对人们诸多爽与不爽的指责与批评，刘翔很坦然，他又不是活在别人的标准里，不需要在别人的评判中找寻自我的价值，他只一心一意地做好自己今后的人生规划，争取早日康复再回到赛场上。所以，之后的日子他专心地疗伤，在身体状况允许的前提下抓紧时间进行恢复训练，完全不管外界的闲言碎语。在状态不错的情况下，偶尔参加一些赛事，每次比赛的成绩也都还不错，他用实际行动证明了，自己并不是因为心理承受能力差接受不了失败而退赛的，他是完全有实力再夺冠的。

于是，2012 年 8 月，刘翔第三次站在了奥运会赛场 110 米栏的跑道前。这一次，他脚上的伤并没有痊愈，经历了北京奥运会退赛之后的风风雨雨，他最终选择无论如何都坚持跑完，绝不退赛。结果，很不幸的是，意外还是发生了，他在男子 110 米栏预赛第六小组比赛中，跨越第一个栏时就被绊倒遭淘汰，这是他继北京奥运会后再次因意外无缘冠军争夺赛。

然而这一次，人们对他除了称颂还是称颂，因为尽管他出师不利，但是他拖着受伤的右脚在世人的瞩目下坚持用单脚跳到了终点，结束了自己的伦敦奥运之旅。他的这一举动，明确地告诉了世界人民，他坚持下去了，他没有选择放弃，他其实一直都在努力。所以，虽然他没能在伦敦奥运会上拿到金牌，但是他的奥运精神在，他的韧性在，他的信誉以及光环也都还在，人们也都期待他 2016 年里约奥运会能够华丽回归。然而，经过一段时间的痛苦治疗，最终刘翔还是无缘 2016 年里约奥运会。

“再见！我的跑道我的栏。从今天起，我将结束我的职业运动生涯，正式退役。这是自己反复深思熟虑，最终做出的决定。虽然不舍，虽然痛苦，但我别无选择。”2015 年 4 月 7 日，刘翔在个人微博上宣布退役，给自己做了个新的人生规划——去完成剩余的学业，同时也将带着运动生涯中所学习到的宝贵经验再次去飞翔，去做一些对中国青少年体育发展和提升国人健康体质有利的事。

在茫茫大千世界里，我们只是一粒微小的尘埃，世界如果没有了我们一样可以很精彩，但是如果我们没有了我们自己，我们就什么都没有了。人生短短几十年，我们不该将自己的命运交由别人来决定，我们要自己对自己负责，自己来决定自己的人生走向。所以，我们不能活在别人的标准里，要活在自己的人生规划里，活出个自我，活出个精彩！

对自己狠一点，生活会对你好一点

只有对自己狠一点，再狠一点，才能缩短自己与成功的距离。对自己狠一点，生活才会对你好一点，失败才会离你远一点，成功才会离你近一点。因为成功其实一直都围绕在我们身边，只是我们不知道而已。

很多人对自己不够狠，在做某一件事之前就已经认定自己做不到以至于不让自己去尝试，那么结果必然是与成功擦肩而过。只有对自己狠一点，再狠一点，才能缩短自己与成功的距离。只有对自己狠一点，更狠一点，生活才会对你好一点，失败才会离你远一点，成功才会离你近一点。

他，是肌肉萎缩性侧索硬化症患者，全身瘫痪且不能发音，但这并不影响他成为当代最重要的广义相对论和宇宙论家，不影响他荣获自然科学史上继牛顿和狄拉克之后荣誉最高的英国剑桥大学卢卡斯数学教席。

他就是享有国际盛誉的伟人之一——史蒂芬·威廉·霍金。

霍金 1942 年 1 月 8 日生于牛津，很小的时候就对模型特别着迷。十几岁的时候做了各种各样的模型飞机和轮船，同时还和朋友们一起制作了很多不同种类的战争游戏。正是他对操控事物的研究渴望使他在黑洞和宇宙论的研究上获得了重大的成就。

17 岁那年，霍金拿到了自然科学奖学金，顺利人读了牛津大学，之后转到剑桥大学攻读博士，研究宇宙学。正当他专心于宇宙学的研究时，他患上了会导致肌肉萎缩的卢伽雷病。有人是这么形容患病之后的他的样子："只有三根手指可以活动，身体严重变形，头只能朝右边倾斜，肩膀左低右高，双手紧紧并在当中，握着手掌大小的拟声器键盘，两脚则朝内扭曲着，嘴已经歪成 S 形，只要略带微笑，马上就会现出龇牙咧嘴的样子。"后来人们戏谑地将他这个怎么看怎么别扭的造型说成是他标志性的成功形象。

对于霍金的病情，医生表示束手无策，正处于研究高峰期的霍金对此极为无奈，加上身边的亲朋好友又都让他在家好好地休息，别再去研究什么宇宙学了，所以他一度变得很颓废，暂时放弃了自己所从事的研究事业。那样的日子，他过一天就痛苦一天，而且还不是病痛，是心痛，他觉得自己是在等死，那样活着一点意义都没有。

与其在家闲着等死，不如重新"站"起来继续自己的研究事业，让自己忙起来，让自己在研究宇宙学的过程中慢慢走向死亡，那样活着，充实而又有意义。于是，他拖着病痛的身体继续搞他的科学研究，不知多少个日夜，他痛得无法呼吸，但还是逼着自己忍着病痛进行研究。

有人说，霍金对自己实在是太狠了，以他当时的身体状况，就应该好好休息，不该再搞什么科学研究了。而且大家也都觉得，他再怎么折腾自己的身体，也干不出什么惊天动地的大事来，研究不出什么科学奥秘来。

然而，令人惊讶的是，霍金竟然排除万难，和彭罗斯一同证明了著名的奇性定理，并于 1988 年共同获得了沃尔夫物理奖。1973 年，霍金还发现了黑洞辐射的温度和其质量成反比，黑洞会因为辐射而变小，但温度却会升高，最终发生爆炸而消失的现象。这一发现具有极其重要的意义，将广义相对论、量子场论和热力学统一在一起。

随着霍金的科研成果的日渐突出，他的身体状况也在日渐恶化。到了 20 世纪 80 年代，霍金开始研究量子宇宙论时，已经全身瘫痪的他还得了肺炎，在接受了穿气管手术之后不能再发出声音了，同时医生还预测他最多只能活两年。这个时候，又有很多亲朋好友站出来劝霍金要先顾好自己的身体，别再逞强去做什么科学研究了。

这一次，霍金并未动摇，无论自己是有两年的生命还是二十年的生命，他都要坚持在自己的科研道路上走下去。病入膏肓的他只能靠电动轮椅代替双脚，靠电脑和语言合成器帮忙说话，靠人把每页纸摊平在桌上让他驱动着轮椅逐页逐页地阅读，将自己有限的生命继续用于无限的科学研究上。

很多朋友看到他如此辛苦，都奉劝他不要再对自己那么狠了，身体才是最重要的。可是在霍金心目中，科学研究比他的生命更重要！最终，他凭着坚强不屈的意志，成为继爱因斯坦之后最杰出的理论物理学家和当代最伟大的科学家，被誉为“宇宙之王”。他的代表作品有《时间简史》《果壳中的宇宙》《大设计》等，其中1988 年出版的从研究黑洞出发，探索宇宙的起源和归宿的科普著作《时间简史：从大爆炸到黑洞》，被译成 40 余种文字，至今已出售逾 2500 万册，是全球最畅销的科普著作之一。此外，他还获得了许多荣誉，如 1978 年的爱因斯坦奖章、1988 年的沃尔夫物理奖、2006 年的科普利奖、2009 年的总统自由勋章。

霍金之所以能够在科学领域上取得如此卓越的成就，最大的原因在于他对自己够狠，在被卢伽雷氏症禁锢于轮椅之上的 20 年时间里不断地逼自己继续做研究，这才将自己推向人生的最高峰。

对自己狠，是磨炼自己，锻打自己。人的潜力是无极限的，你若想在有限的生命里发挥出自己无限的潜能，那么就务必对自己狠一些！

学会在艰难困苦中磨炼自我

人生只有经历过各种艰难险阻的磨炼，才会绽放出异样的光彩。

花蕾只有经历了风雨的洗礼才能竞相开放，柳枝只有经历了寒冬的磨炼才能吐露新芽，雏鹰只有经历了生死的考验才能展翅高飞……不吃挫折苦又怎会知成功甜？磨炼是勇于前行的推动力，是催人奋进的原动力。

人生就像一只不断向前滚动的车轮，只有经历过各种艰难险阻的磨炼，才会绽放出异样的光彩；只有经历过无数障碍无数荆棘的磨炼，才能够到达既定的目的地，到达一定的人生高度。

近代实验科学的先驱者伽利略·伽利雷，就是将磨砺当成了攀向科学顶峰的石阶。

“哥伦布发现了新大陆，伽利略发现了新宇宙。”这是人们对伽利略一生所做的科学贡献的高度总结和提炼，是对他人生价值的最高评价。

伽利略是意大利的数学家、物理学家、天文学家，他通过实验证明了引力的物体并不是呈匀速运动而是呈加速度运动的，证明了物体只要不受到外力的作用，就会保持其原来的静止状态或匀速运动状态不变等。同时他也是个发明家，发明了温度计和天文望远镜等。

“荷兰眼镜商人利帕希发现，用一种镜片就能看见远处肉眼看不见的东西。”1609 年 6 月，这个消息传到了伽利略的耳朵里。伽利略对此非常感兴趣，冥思苦想之后认定该商人完成这个新潮的发现是用了一种叫作镜管的东西。于是，伽利略利用透镜成像的原理，不分昼夜地翻资料做计算，最后得出结论：将凸透镜和凹透镜放在一个适当的距离，就能将遥远的肉眼所看不到的物体放大一定的倍数。虽说理论如此，但是实际情况如何呢？

为了证实这个结论，伽利略又开始着手实物实验。他先是花了好几天的时间，亲自动手磨制出一对凸透镜和凹透镜，然后又制作了一个精巧的可以滑动的双层金属管，小心翼翼地把一片大一点的凸透镜安在一根管子的一端，另一端则安上一片小一点的凹透镜。完成这些工序之后，他又将管子对准窗外看，哇！远处的教堂清晰地映入眼帘，钟楼上的十字架以及十字架上翩翩飞舞的鸽子都能看得一清二楚。

历史上的第一台望远镜就这样应运而生了！当时亲自试验过伽利略制造的这台望远镜的人对它的评价是：“50 英里以外的物体看起来就像在 5 英里以内那样清晰。”但是伽利略并不满足于此，他有一个信念，那就是对这个望远镜进行不断的改进，务必要将放大率提高到 30 倍以上，把实物放大到 1000 倍，另外，他还要将这个新制造的望远镜用于窥探宇宙。为了将这个信念化为现实，伽利略长期以来不分昼夜地坚持做这样一个研究，即用自己制造的望远镜来观测宇宙。

观测宇宙可不是一件简单的事，伽利略不知道经历过多少次失败，不知道花了多少时间和精力去一次又一次地观测，最终才能够发现环绕在木星周围运动的卫星。发现了这些卫星之后，他又运用数学方法计算出它们的运行周期。此外，他还用了很长的时间去观测太阳黑子，通过黑子的移动现象推断出了太阳也是在不停地转动的。之后，他又陆续有新的发现，并且将这些新发现总结在了他的著作《星际使者》里。此著作一经出版，便在欧洲引起了巨大的轰动，他的才能也因此得到了欧洲社会各界的认可。

这位闪耀在科学界的新星，曾经在学校里被老师看成是“问题学生”呢。因为什么问题到了他的脑袋里，他都要进行一番研究和论证，非要打破砂锅问到底不可。一次偶然的机会，他看到古希腊的亚里士多德有关“物体下落的快慢是不一样的”学说，即物体的下落速度和它的质量成正比，物体越重，下落的速度越快。人们长期以来都觉得亚里士多德的这个学说是不可怀疑的真理，可是伽利略却大胆地对此学说提出了疑问。

为了证明自己的怀疑是正确的，伽利略着手做了一个实验，并且将自己实验的时间和地点发布出去。实验当天，他带了两个大小一样但是质量却不一样的铁球到比萨斜塔塔顶。塔下聚集了很多民众，大家都认为伽利略是个疯子，竟然敢怀疑亚里士多德提出的真理，都抱着看笑话的心态等待伽利略的实验开始。伽利略对塔下的民众高喊了一声“大家看清楚了，铁球就要落下去了”之后便同时张开了两只手，让手上的两个铁球平行下落，实验的结果使所有人都愣住了！因为，两个铁球几乎是同时落地的。这不仅推翻了亚里士多德的学说，还解开了自由落体运动的秘密，对物理学的发展具有划时代的意义。恩格斯也因此称他是“不管有何障碍，都能不顾一切打破旧说，创立新说的巨人之一”。

磨炼是激发潜能的催化剂。伽利略之所以能够成为闻名于世的科学巨人，正是因为他毕生都在艰难曲折中不断磨砺自己，使自己一天比一天强大起来，成功打开了近代天文学的大门。

俗话说得好：“你选择了磨炼，就选择了成功；你选择了懦弱，便选择了失败！”磨炼是成就伟人的一块基石，如果你想成为灿烂银河中一颗璀璨的星星，就必然要经历严寒酷暑的磨砺，经历风霜雨露的捶打。

第六章

成大事者必有坚韧不拔之志

坚持到底才能取得最后的胜利，半途而废永远也不会获得成功。

人生，其实就是一个坚持的过程。

很多时候，成功与失败之间仅有一步之遥；

很多时候，你只要再坚持一会儿，胜利的旗帜就必定会迎风飘扬。

坚持到底才能取得最后的胜利

坚持是一种信念，能将人潜在的能力发挥得淋漓尽致。坚持是一种积极的人生态度，能将人往正确的发展方向引导。所以人在前行的过程当中，不论遇到多大的艰难险阻，不管经历多大的风雨坎坷，都一定要坚持下去，朝着自己既定的目标不断前行，永不止步，直至取得最终的胜利。

世界上最简单同时也是最困难的事情就是坚持，看似人人都能做到，但实际上并不是每一个人都能做到的。

人生，其实就是一个坚持的过程。只有坚持到底才能取得最后的胜利，半途而废永远也不会获得成功。很多时候，成功与失败之间仅有一步之遥；很多时候，你只要再坚持一会儿，胜利的旗帜就必定会迎风飘扬。

2013 年 5 月，阳光媒体集团主席和阳光文化基金会主席杨澜在纽约佩利媒体中心被授予女性“开拓者”荣誉称号，成为首位 MAKERS 项目“开拓者”奖项的非美国本土获奖者，同时，她还被《福布斯》评为“全球最具影响力的100位女性”之一。她之所以能够取得如此辉煌的成就，拥有如此灿烂的人生，是因为她不管遇到什么困难或阻滞，都坚持朝着自己既定的目标和方向前行，绝不退缩，绝不气馁。

20多年前，刚刚大学毕业的杨澜，以落落大方的气质和聪颖机智的形象迅速征服了荧幕前的观众，成为中央电视台的一名主持人。

1990年至1994年，杨澜任中央电视台《正大综艺》节目主持人。1994年获得中国第一届主持人“金话筒奖”之后，为了将来更好地在媒体行业里发展，她选择了离开央视到美国哥伦比亚大学国际及公共事务学院深造。当时有媒体去采访她，问她在《正大综艺》节目做得风生水起时突然就去国外深造了，这意味着放弃自己已经取得的成就，有没有犹豫过，为什么不继续主持下去。

虽然央视给了她施展自己才华的舞台，给了她发挥自我优势的机会，但是她的梦想绝不单单是做一名观众喜爱的节目主持人，她想要拥有更宽广的舞台，想要深挖出自己的无限潜能，她想要出去闯一闯！所以杨澜坦言，尽管在离开央视这个决定上她曾经犹豫过，不过她不是犹豫要不要放弃现有的成就，而是犹豫自己出国深造之后将要面临一个什么样的状况，自己到底能不能适应外面的大千世界，毕竟当时中国和西方的生活方式和水平有一定的差距。不过犹豫归犹豫，杨澜最终还是勇敢地迈出了这改变人生的一大步。

有人以为杨澜在获得了国际事务硕士学位回国之后会回到央视，继续她离开之前的主持事业，然而她却选择了去接受新的挑战，新的尝试。她加盟香港凤凰卫视，开创了我国第一个高端访谈节目《杨澜访谈录》，前前后后访问了全球 700 余位大人物，在全球华语观众中赢得了较高的口碑。

在凤凰卫视工作时，杨澜不仅是主持人，还是《杨澜工作室》的当家人，她自己做选题，自己负责预算，经常是用最低的经费预算做出尽善尽美的节目。这不仅使她积累了各方面的经验和资本，同时也为她预留了未来的发展空间。她在节目里与来自不同行业不同背景的嘉宾交流，不仅收获了大量的信息，同时还跟不少重量级的嘉宾成为朋友，使她积累了不少名人关系资源，为她今后进军商界打下了坚实的人脉基础。

1999 年 10 月，杨澜正式辞去凤凰卫视的工作，次年收购了良记集团，更名为阳光文化网络电视控股有限公司，并成功借壳上市，打造了一个阳光文化传媒帝国。之后又紧锣密鼓地创建了第一个以历史文化为主题的被《福布斯》评选为全球最佳小型企业的卫星频道——阳光卫视。

然而，很不幸的是，全球经济不景气使得市场竞争压力过大，很多人以为杨澜和她的公司可能会熬不过去了。杨澜告诉自己，一定要坚持下去，再苦再难都不能放弃。最终，她将公司的成本锐减了差不多一半，同时逐渐剥离亏损严重的卫星电视与香港报纸出版业务，然后再接手中国最大的门户网站之一的新浪网，全面进军网络业和 IT 业，开创了网络和电视相结合的时代，这才把公司推上盈利的轨道。

此时的杨澜，早已从一个单纯的节目主持人变成了一个媒体人、企业家，多年来始终活跃在媒体第一线，因用自己最大的热情为世界贡献自己的力量而广受好评，成功摘取了“亚洲二十位社会与文化领袖”“全国三八红旗手”“联合国儿童基金会中国大使”等多项荣誉称号。

“在阳光卫视最困难的时候是怎么熬过来的？”有记者采访杨澜时这样问她。她只简单地说了两个字：“坚持。”她能够从一个默默无闻的大学生做到一个家喻户晓的主持人，从一个访谈节目做到一个卫星频道，从一个媒体人做到一个企业家，除了坚持，还是坚持。

杨澜就是靠着这份坚持，把阳光卫视带出了阴霾，带到了阳光之下。在阳光卫视的带动下，中央电视台的科教频道，一些地方电视台的纪录片频道也都慢慢地发展了起来。如今，她的公司一切进入正轨，不断有好的媒体作品问世，赢得了观众的热烈掌声。

坚持是一种信念，能将人潜在的能力发挥得淋漓尽致。

坚持是一种积极的人生态度，能将人往正确的发展方向引导。

“不积跬步，无以至千里；不积小流，无以成江海。”所以人在前行的过程当中，不论遇到多大的艰难险阻，不管经历多大的风雨坎坷，都一定要坚持下去，朝着自己既定的目标不断前行，永不止步，直至取得最终的胜利。

成功的捷径就是别走捷径

任何投机取巧的行为都不可能把人引向成功。通往成功之路，也绝无捷径可走。人，只有脚踏实地，一步一个脚印地慢慢前行，慢慢积累，穿越千山万水，越过沟壑林海，扛过狂风暴雨，才能顺利到达成功的彼岸。

很多人急于求成不愿脚踏实地，故放弃光明大道去走一条其他人所不知的捷径，以为那样就可以早一些获得成功，殊不知，那些所谓的捷径极有可能把你引向失败之路。

通往成功之路，绝无捷径可走。投机取巧只会让你坠入失败的深渊，只有稳扎稳打才会将你带进成功的殿堂，

人，只有脚踏实地，一步一个脚印地慢慢前行，慢慢积累，穿越千山万水，越过沟壑林海，扛过狂风暴雨，才能顺利到达成功的彼岸。

美国女政治家康多莉扎·赖斯，或深或浅一步一个脚印，不气馁，不放弃，坚持到底，才最终成为美国历史上第一位女性非裔国

务卿。

康多莉扎·赖斯是非裔美国人，父亲曾任丹佛大学副校长，母亲是小学音乐教师，家庭条件优越。尽管如此，她们家还是有这样一种观念：黑人孩子只有做得比白人孩子优秀两倍，他们才能平等；优秀三倍，才能超过对方。她的父母也曾很明确地告诉她，她只有更加勤奋地学习力争上游，才会得到回报。为此，赖斯非常勤奋刻苦地学习，成绩十分优异。此外，她还利用课余时间去学芭蕾舞，学法语，学礼仪，用各种知识和技能来全副武装自己。

1965 年，11 岁的赖斯随父亲来到华盛顿，欲参观白宫时因肤色问题被拒，当时赖斯就想到了父母曾对她说过的一句话：在种族歧视比较严重的国家生活，你可能在餐馆里买不到一个汉堡包，但也有可能当上总统。于是她对父亲说："我现在因为肤色而被禁止进入参观，但早晚有一天我会在那个房子里工作的。"之后，她所做的努力，所走的每一步路，都是为了实现这个愿望。

赖斯 19 岁大学毕业获得丹佛大学政治学学位之后，仅用了一年的时间就获得了圣母大学国际政治硕士学位，紧接着去加州斯坦福大学攻读政治学博士学位，然后精通四门语言的她很快便成为斯坦福大学政治学助理教授。1986 年，32 岁的赖斯还成为一名研究苏联武器控制的专家。

1987年，在斯坦福大学的一次晚宴上，赖斯说了几句极具特色的致辞，吸引了曾任福特总统国家安全事务助理的布伦特·斯考克罗夫特的目光，她对苏联的看法与斯考克罗夫特的政治现实主义不谋而合。

1988年，斯考克罗夫特成为老布什总统的国家安全事务助理，赖斯之后便被任命为国家安全委员会苏联事务司司长，与老布什总统和夫人芭芭拉私交甚好。

1989年，34岁的赖斯出任乔治·布什总统的国家安全事务特别助理，成为有史以来美国政府中职位最高的黑人妇女。她利用自己这些年来所学到的知识，帮助起草了大量关于地区性事务的政策文件，很快便得到老布什的赏识，成为他最信赖的顾问之一。4年期满之后，赖斯辞去国家安全会议中的职务，进入胡佛研究院任高级研究员，之后还出任了斯坦福大学教务长，成为该校历史上最年轻的教务长，也是该校第一位黑人教务长。

1995年，小布什当选为得克萨斯州州长，老布什安排她与小布什见面，两人一见如故，很快便成了极为要好的朋友。“赖斯博士不仅才华横溢，而且在外交领域经验丰富。她是一名优秀的管理者，我相信她的判断力。”非常欣赏赖斯的小布什，于1998年正式邀约她来辅佐自己。为了进入白宫工作，接到小布什的邀约后，赖斯毫不犹豫地辞去了斯坦福大学的教职，一心去辅佐小布什。

2000年美国大选时，赖斯作为共和党总统候选人乔治·沃克·布什的首席对外政策顾问为其出谋划策。小布什当选为美国总统后，任命她为总统国家安全事务助理。总统国家安全事务助理不掌管任何部门，也不指挥任何部队，却是早上第一个见到总统和晚上最后一个离开总统的人，可见布什是多么地信任她和器重她。

2005年1月26日，美国参议院以85票对13票确认赖斯出任国务卿，使其成为继克林顿政府的马德琳·奥尔布赖特之后美国历史上第二位女国务卿。

成功不是偶然的，成功只会青睐那些坚韧不拔、踏实肯干的人。经过30多年的努力，赖斯一步一个脚印地走到了自己想要到达的地方和高度，成为白宫里的“斗士公主”，华盛顿最有权势的女人之一。

俗语有云：“只有熬过‘十年寒窗无人问’的艰难时光，才能到达‘一举成名天下知’的巅峰时刻。”是的，成功绝对没有任何捷径可走，只有踏踏实实一步一个脚印地往前走，一根荆棘一个沟壑地跨过去，才能获得真正意义上的成功，才能为自己的生命增添色彩，赢得欢呼和掌声。

用时光浇筑梦想

时间就像风一样难以捉摸，若是你不珍惜，不牢牢地将其握住的话，它便会飘散在各个角落，无法捡拾。只有懂得用时光浇筑梦想的人，才能够梦想成真。只有善于利用时间，善于将时间用于实现自己人生规划和创造人生成长财富的人，才能成为一个出类拔萃的人。

莎士比亚曾说过：“抛弃时间的人，时间也会抛弃你。”时间就像风一样难以捉摸，若是你不珍惜，不牢牢地将其握住的话，它便会飘散在各个角落，无法捡拾。

只有懂得用时光浇筑梦想的人，才能够梦想成真。只有善于利用时间，善于将时间用于实现自己人生规划和创造人生成长财富的人，才能成为一个出类拔萃的人。

他，被誉为“神一样的男人”。美国总统奥巴马是这样评价他的：“他改变了我们的生活，重新定义了整个世界，他改变了我们看世界的方式。”俄罗斯总统梅德韦杰夫是这样评价他的：“他改变了整个世界，没有人不羡慕他过人的才华和智慧。”他究竟是谁？有着怎样的魅力获得如此高的评价？

他就是美国苹果公司的联合创办人，被誉为计算机业界与娱乐业界标志性人物的史蒂夫·乔布斯。

史蒂夫·乔布斯的一生都在努力用时光浇筑梦想，都在为计算机事业的蓬勃发展而奋斗。

乔布斯 6 岁的时候随着养父母搬到硅谷的山景镇。山景镇被世界上最新的科学技术与最先进的管理知识充斥着，乔布斯长期生活在这样的环境之下，不仅视野开阔了，而且慢慢地养成了勇于创新、善于竞争也敢于冒险的精神。

1972 年，17 岁的乔布斯考上了俄勒冈州的里德学院，但是他就读不到 6 个月就退学回到了硅谷，应聘到了一家电子公司上班。这时，他遇到了一个少年时代认识的好朋友，就职于惠普公司桌上型计算机部门的工程师沃兹尼亚克。

乔布斯和沃兹尼亚克相遇之后一起参加了一个计算机俱乐部，因为他们有一个共同的愿望，即拥有一台自己的计算机。当时市场上的微型计算机要卖几千美元，他们买不起，于是就想自己组装一台。所以，沃兹尼亚克这个超级计算机迷便把所有的时间都用在了设计新型计算机上，而乔布斯的时间则全部用在了如何利用计算机来进行商业活动赚钱上。

1976 年，富有冒险精神的乔布斯说服沃兹尼亚克跟他一起变卖自己的“家财”，两人凑了 1300 美元合伙在乔布斯家的车库里成立了苹果计算机公司。他们的公司要想生存和发展下去，就必然要设计出能够占领市场的产品。但是 1300 美元开一家计算机公司，明显资金不足，那么，怎样才能用有限的资金购买到设计新产品的材料呢？这是乔布斯和沃兹尼亚克成立公司之后所面临的第一个大问题。

为了节约资金，乔布斯和沃兹尼亚克先用 20 美元一台的价格在一个博览会上买进 6502 微型处理器，然后乔布斯又打出人情牌，找在华纳利公司工作的印刷电路板专家康丁以特惠的价格为他们制作电路板，后来又从各自供职的公司弄来一些电子元件。材料准备齐了之后，两人就在车库里热火朝天地干起来，沃兹尼亚克负责设计，乔布斯负责想推广的点子。

很快，他们制造出了一台微型计算机“苹果 1 号”，在他们加入的那个计算机俱乐部中进行了展示。“苹果 1 号”以独特的风格吸引了众多计算机爱好者的目光。在乔布斯的大力推广下，很快他们公司就接到了第一张订单，以每台 500 美元的价格售出了 50 台“苹果 1 号”。当时装配一台“苹果 1 号”约 250 美元，这张订单让他们赚到了很大一笔利润，这对乔布斯来说有很大的鼓舞作用，之后便更加卖力地推销他们的苹果电脑。那一年年底，他们公司卖出了 150 台“苹果 1 号”，销售额达到 95000 美元，有近一半为纯利润。这让乔布斯看到了计算机行业发展的乐观前景，于是他跟沃兹尼亚克商量，尽快推出了小巧轻便、操作简便的“苹果 2 号”。

“苹果 2 号”在 1977 年初的计算机展示会上出尽了风头，乔布斯穿着一套笔挺的西装站在展位前尽情地为客户推广，客户们完全被这个仅用 10 个螺钉组装而成的只有 12 磅重的计算机给吸引了，争相购买。4 月底的时候，苹果公司收到了 300 多台的订单。之后订单更是像雪片似的飞来，订单生产足足排了两年多。

就这样，苹果计算机迅速占领了计算机市场，销售量与日剧增，1979 年竟然销售了 3.5 万台，销售额更是高达 4700 万美元。乔布斯和沃兹尼亚克，这两个在车库开公司的穷小子竟然在美国掀起了“个人计算机革命”，跃身百万富翁的行列。

由于经营理念跟苹果公司的管理层不同，乔布斯于 1985 年 9 月提出了辞职。从苹果公司辞职之后，乔布斯收购了 Lucasfilm 旗下的位于加利福尼亚州 Emeryville 的电脑动画效果工作室，成立了一个独立公司——皮克斯动画工作室，于 1995 年推出了全球首部全 3D 立体动画电影《玩具总动员》。

1996 年，苹果公司因判断失误和内部组织问题导致销售额市场占有率急速下降，陷入严重的经营困局之中，甚至到了岌岌可危的地步。而此时乔布斯所在公司因推出《玩具总动员》而名声大振，他个人的身价已高达 10 亿美元。但是乔布斯最终选择在苹果公司危难之时重新回来。回归苹果公司的乔布斯进行了大刀阔斧的改革，不仅即刻停止了公司里不合理的研发和生产，果断结束了微软公司和苹果公司多年来的专利纷争，而且开始着手研发新产品 iMac 和 OSX 操作系统，成功解除了苹果公司存在的各种危机。

乔布斯用他的“魔术手”赋予了苹果产品独特的含义，让电子产品走下神坛深入到世界人民生活的每一个角落，用他的“操盘手”带领着苹果公司屡创奇迹，使之成为美国最具价值的企业，生产出来的产品备受世界各国消费者欢迎，世界上不知有多少颗热切的心在期盼着新品的推出和发售呢。

一个能够拥抱成功的人，一个能够收获幸福的人，他的任何时间都必然是在朝着自己的人生目标而努力着，在为提升自我人生价值和人生高度而努力着。乔布斯之所以取得如此大的成就，就是因为他没有浪费一分一秒，将自己所有的时间都投入无限的创造之中，投入到无限的技术研发上。

俗语有云："珍惜时间就是珍惜生命。"时间是这个世界上最公正又最偏私，最慷慨又最吝啬的东西，你珍视它，它就会对你慷慨，你忽视它，它就会对你吝啬。所以朋友们，请一定要好好地珍惜时间这个生命之中最为可贵的东西，让其助你成才，助你成功！

滴水穿石非一日之功

执着，是一种积极的人生态度，一种认准方向坚决不放弃的人生态度。人只有抱着执着的态度去生活，才能打败一切“拦路虎”，才能顽强地朝着幸福的人生迈进。人只有抱着执着的态度去工作，才能克服一切困难，将自己的事业推向最高峰，将自己的人生价值推到最高点。

被誉为“现代建筑的最后大师”的贝聿铭生于中国广州，曾先后在麻省理工学院和哈佛大学就读建筑学。他的作品多以公共建筑、文教建筑为主。他的代表建筑是美国华盛顿国家美术馆东馆和法国巴黎卢浮宫扩建工程，毕生所获奖项众多，其中包括 1979 年美国建筑学会金奖、1981 年法国建筑学院金奖及 1986 年里根总统颁予的自由奖章等。

不过说出来大家或许不信，贝聿铭起初只不过是一个默默无闻的建筑设计小将，根本人不了国外众多大设计师的眼。然而他却很执着，始终坚定不移地朝着“成为一名国际知名建筑师”的人生理想迈进。正是在这个坚定信念的推动下，他每天不停地设计，最终以创新的设计挤掉了众多享誉全世界的优秀设计师而成为法国卢浮宫扩建工程的设计者。

贝聿铭与建筑结缘，是在上海读书的时候。那时他周末经常会去一家台球馆玩，台球馆附近正在建一座当时上海最高的饭店，他很好奇，人们究竟是怎么建造起那么高的大厦的。为了解开这个疑问，贝聿铭立志要做一名建筑师。为此，贝聿铭远渡重洋到美国宾夕法尼亚大学建筑系就读，之后因不太喜欢宾州大学以图画讲解古典建筑理论的教学方式而转学到了麻省理工学院，以优异的成绩毕了业。

第二次世界大战爆发之后，贝聿铭在美国空军服役三年后进入哈佛大学攻读硕士学位。1945 年贝聿铭硕士毕业之后留校任设计研究所的助理教授。这时的他虽然已经算是建筑界的一员了，但是未曾有机会去设计些什么知名建筑，所以在他看来，当时的他距离心目中的建筑师还有一定的距离。

1948 年，一次偶然的机会，贝聿铭得到了纽约市房地产开发巨商威廉・柴根道夫的赏识，被聘用为韦伯纳普建筑公司的建筑研究部主任。富有创造力的贝聿铭跟威廉·柴根道夫合作了12年，期间完成了许多商业及住宅群的设计，也为母校麻省理工学院设计了科学大楼。这些设计成果让贝聿铭在美国建筑界崭露头角，不过很多大名鼎鼎的建筑师对他的名字还很陌生，为此，他破釜沉舟，来个背水一战，离开韦伯纳普建筑公司，自立门户，成立了一家建筑公司。

因贝聿铭在纽约、费城等地设计了许多建筑美感和经济实用并存的大众化公寓，故获得了费城莱斯大学1963年颁发的“人民建筑师”的光荣称号。同年，美国建筑学会也向他颁发了纽约荣誉奖。这些奖项将他和他的建筑公司的事业推向了一定的高度，这时的他开始谋划转型，将设计的主力从都市改建和重建计划转移到巨型公共建筑物的设计上。建于科罗拉多州高山上的美国国家大气研究中心便是他从事公共建筑物设计的一个开始。这个设计外形简朴浑厚，色彩搭配完美，美国《新闻周刊》称其是他的“突破性的设计”。

真正使贝聿铭声名远播的是他对美国肯尼迪图书馆的设计。1964年，肯尼迪家族欲建一座肯尼迪图书馆来纪念已故美国总统约翰·肯尼迪。当时淹没在一大群一流建筑师中的贝聿铭简直是毫不起眼，并未有人注意到他，可是当他一开口描述自己的设计，便得到了肯尼迪遗孀杰奎林的赞赏。之后，用了15年时间，这座唯美的图书馆落成了，由于它的设计新颖、造型独特在美国建筑界引起了轰动，贝聿铭也因此跻身世界级建筑大师的行列。

20世纪80年代初，法国政府为改建和扩建世界著名的艺术宝库卢浮宫而广泛征求设计方案，世界各国的顶尖建筑师都来应征。评委是15个在国际上声名显赫的博物馆馆长，其中的13个选了贝聿铭的设计方案。因为他设计的方案用现代科学技术进行了独特的尝试，这个尝试既有创新点，又在一定程度上保留了传统建筑设计的艺术，深受评委们的好评。

有人说，建筑也要跟上时代的步伐，也要成为一个流行的风尚。但是贝聿铭却不这么认为。身为现代主义建筑大师的他，多年来一直执着地秉承现代建筑的传统设计风格，因为他始终坚信，建筑是千秋大业，不是流行风尚，不能时刻变化，因为它的存在要对社会历史负责。正是这份执着，这份坚定的信念，使他设计的作品越来越受人欢迎，在获得众多世界级建筑大奖的同时，还拿下了法国卢浮宫的设计项目，在世人期待和瞩目之下建造了美丽华贵的卢浮宫，留给了世界人民最宝贵的特色建筑。

滴水穿石非一日之功。人只有抱着执着的态度去生活，才能打败一切“拦路虎”，顽强地朝着幸福的人生迈进；人只有拥有执着的信念，才能活得更加精彩，才会更加接近成功，更容易获得成功。

长期认真地去做一件事

俗话说得好："带着一份认真去工作，再平凡的工作也会变得神圣起来；带着一份认真去学习，再枯燥的知识也会变得灵动起来；带着一份认真去生活，再单调的生活也会变得精彩起来。"坚持认真是成功的秘诀，一时粗心是失败的伴侣。只有长期认真地去做一件事，才有可能获得意想不到的收获。

分众传媒的创始人江南春曾说过这样一句话："世界上最可怕的两个词，一个叫执着，一个叫认真，认真的人改变自己，执着的人改变命运。"坚持认真是成功的秘诀，一时粗心是失败的伴侣。

凡是成大事者，无不具有认真的精神。

绿山咖啡烘焙公司的创始人罗伯特·斯蒂勒，就是一个极其认真的人。他创办的绿山公司生产的克里格咖啡机和配套的 K 杯咖啡在全球掀起了一股热潮，该公司拥有的 K 杯、包装线和咖啡机的创新技术在美国申请了 32 项专利。2010 年美国《财富》周刊评选出的全球发展最快的公司中，绿山咖啡位列全球第二。他本人也于

2011 年首次登上福布斯美国 400 富豪榜，以 133 亿美元净资产排在第 331 位。

然而，谁都想不到，罗伯特·斯蒂勒与咖啡结缘，只是一瞬间的事，在这一瞬间之内，他便认真地勇敢地做出了一个惊人的决定。

那是一个普通的下午，罗伯特·斯蒂勒在佛蒙特溜冰场的壁球馆里悠闲地消磨时间。他刚将自己的家传卷烟纸生意给卖掉，有钱有闲的他正在琢磨着下一步要做什么投资项目。正巧，一位刚刚在韦茨菲尔德开张的咖啡店老板热情地邀请他到自己的夫妻店里喝一杯咖啡，他喝完之后不禁感叹："天哪！这绝对是我这辈子喝到的最美味的咖啡！"于是，一个大胆的计划在他脑海中形成：买下这家店。于是，他不停地去游说老板将这家店卖给他。起初那位老板并不愿意出售这家咖啡店，但最终被他认真且诚恳的精神给打动了。

别以为罗伯特·斯蒂勒买下这家咖啡店之后只不过是继续经营下去，悠悠闲闲地过过日子就罢了，他对这家店的发展前景不知有多上心呢，认真地筹备，认真地谋划，终于 1981 年在佛蒙特正式成立了绿山咖啡烘焙公司。

这算是罗伯特·斯蒂勒的二次创业，资金方面并不存在问题，可是隔行如隔山，罗伯特·斯蒂勒和他的咖啡烘焙公司要想在咖啡领域立足并不是一件容易的事。为此，罗伯特·斯蒂认认真真地去摸索如何烘焙咖啡，如何冲泡咖啡以及如何经营一家咖啡公司。

公司成立的前三年，罗伯特·斯蒂勒损失惨重，公司甚至一度陷入了绝境。但是他并没有放弃，依然决定认真持续地在这一行发展下去。之后，他吸取教训，大胆地制定出了三个战略步骤力挽狂澜，使绿山咖啡烘焙公司 1993 年的销售额达到了 1000 万美元，分店开了 9 家，之后还在纳斯达克全球精选市场成功上市，成为咖啡界的一大巨头。

20 世纪 90 年代中期，星巴克几乎主宰了整个美国的咖啡零售业。绿山咖啡烘焙公司要想获得更大的发展，必然要开辟新的战场以抢占市场，提高销售效率。一次偶然的机会，罗伯特·斯蒂勒听到有员工抱怨每次去客户的公司办理业务就要被迫喝下很难入口的速溶咖啡，当时他的脑海里就又蹦出了一个大胆的想法——把绿山的美味咖啡引进办公室。

别以为这个想法只是想想而已，罗伯特·斯蒂勒不知多认真地对待这个一闪而过的想法呢。为了让绿山咖啡进驻办公用品超市，他跟办公用品供应商史泰博多次洽谈合作，终于在 1997 年谈妥，使绿山咖啡得以进入史泰博北美 600 家办公用品超市，同时也进入其邮购目录。绿山公司通过这个渠道输送了超过 45 万公斤的咖啡，打开了渗透办公室市场的重要一步。之后，绿山公司又成功进入美国东北地区数以千计的办公室，其 20 多亿美元的销售收入有差不多三分之一来自直接向办公室销售的咖啡。

1998 年，罗伯特·斯蒂勒又盯上了被星巴克这样的大牌咖啡制造商忽略的客户——埃克森美孚加油站和 Stop & Shop 超市。为此，罗伯特·斯蒂勒大胆地关闭了旗下所有零售咖啡店，只跟批发商合作。2001 年，绿山公司击败了其他 11 家咖啡公司，与埃克森美孚公司签署了一项为期 5 年的合作合同，埃克森美孚公司向绿山公司提供 1600 个便利店，保证在 5 年内确保绿山在该领域的霸主地位；2003 年 12 月，Stop & Shop 超市在其 300 多家商店里摆上了绿山咖啡。绿山公司获得了又一个战略转型的胜利，成功进入了批发行业。

这时的罗伯特·斯蒂勒已经不再满足于只卖咖啡了，将业务领域拓向了克里格的单杯咖啡机和 K 杯。2006 年 6 月，绿山公司以 1.043 亿美元收购了曾经的合作伙伴克里格公司的全部股份，获得了咖啡机及 K 杯业务，允许其他咖啡、茶或热可可生产商采用 K 杯包装在克里格咖啡机上使用。罗伯特·斯蒂勒的这一举措将咖啡范畴以外的饮料都纳入自己的体系之中，创造了一个商业奇迹：2008 年绿山公司的 K 杯销售量首次突破 10 亿个，2010 年前三个季度累计销售量达 6.83 亿个。

对罗伯特·斯蒂勒来说，坚持认真是他成功的最主要原因。没有坚持认真的精神，他不会如此果断地买下一家咖啡店进行二次创业；没有坚持认真的精神，他也不可能一次又一次地为绿山公司开辟新的市场。

俗话说得好："带着一份认真去工作，再平凡的工作也会变得神圣起来；带着一份认真去学习，再枯燥的知识也会变得灵动起来；带着一份认真去生活，再单调的生活也会变得精彩起来。"

因为认真，什么艰难困苦挫折坎坷都是过眼云烟；因为认真，什么勇气信心努力都会时时伴随着你。如此一来，成功必然不会悄然离去，只会悄然而至，使你成为工作、生活或是学习上的大赢家。当然，这份认真又必须是长期的，永不放弃的。

所以，朋友们请一定要记住，只有长期认真地去做一件事，才有可能获得意想不到的收获。

第七章

逆境中方显英雄本色

俗语有云：逆境能够使人奋勇向前，顺境只会让人停滞不前。

逆境，是上苍赐予人的一种财富，

它能够历练人，磨炼人，使人不断地超越自我，

创造自我，实现自我。

人，只有在无数逆境的打磨下，才能真正地成长成才。

你若不勇敢，谁替你坚强

生活就像一片汪洋大海，只有坚强的人，才能乘风破浪驶向成功的彼岸。

成功与失败之间，只隔着一扇“软弱”之门。没有人会注意你到底有多软弱，但是一定会关注你到底有多坚强。因为坚强是生命的支撑，是精神的支柱，是人生的必修课。生命来自坚强，生命也离不开坚强。

人的一生中，可以说，绝大部分时间是要在坚强中度过的。追求梦想是坚强，正直善良是坚强，自律自爱是坚强，努力拼搏是坚强，坚持不懈更是坚强……坚强，就是人活着的一个状态。人只有坚强地面对一切磨难，才能在命运的风暴中崛起，人生才会变得多姿多彩，生活才会变得幸福美满，未来也才会变得灿烂辉煌。

在全世界观众心中，克里斯托弗·里夫是一个全民偶像，一个能够拯救万民于水火之中的无比坚强的超级英雄。

生于 1952 年 9 月 25 日的克里斯托弗·里夫，不仅身高“高人一等”——193 厘米，且学历也很高——拥有康奈尔大学的高学历。在这“双高”的支持下，在电影《超人》的推动下，克里斯托弗·里夫俨然成为 20 世纪 70 年代末的大英雄，他的演艺事业也因此攀到了最高峰，电影《超人》之后，但凡他所拍摄的电影，都会获得超高票房。

可以说，那些年，克里斯托弗·里夫真的是太意气风发了，观众们都对他崇拜有加，在他们心目中，他简直就是“超人”。然而，在克里斯托弗·里夫最春风得意之时，一场突如其来的意外改变了他的一生。

1995 年，克里斯托弗·里夫在参加一场马术比赛时从马背上狠狠地摔了下来，致使脊椎严重受损，脖子以下的部位全部瘫痪。顿时，一个全民英雄变成了一个瘫子，终生将要被困于轮椅之上。

克里斯托弗·里夫的痛苦真的是无以言表，很长一段时间他都无法面对和接受这样一个不争的事实。无数个夜晚，他辗转难眠，不知道自己今后该何去何从。他已经过惯了鲜花簇拥的日子，受惯了观众的敬仰，忽然之间围绕在他身旁的所有闪光灯都灭掉了，他简直都不想活了！他害怕看到世人同情的目光，害怕看到镜子里坐在轮椅上矮墩墩的自己。

幸好，妻子戴娜对他不离不弃，日日夜夜悉心地照顾他，使他感动万分，宁可辜负全世界也不能辜负如此深爱着他的妻子。所以，他鼓励自己坚强地去面对这次磨难，渐渐让自己恢复自信和勇气，好好地活着以报答妻子对他无微不至的关爱。

学会了坚强，恢复了自信之后，克里斯托弗·里夫无法割舍自己对演艺事业的热爱，也从未觉得自己会因为一场意外而永远离开演艺界，因为他始终相信自己还是会有机会在荧幕上发光发热的，即使瘫痪也依然坚持要做演员，一辈子都不能跟“演员”二字分开。可是，对于一个瘫子来说，要如何在演艺界立足呢？他还能饰演什么角色呢？即使有适合自己的角色，那也一定很少很少，那一点点片酬怎么够养活自己呢？克里斯托弗·里夫为此陷入了深深的迷惘之中。

坚强的人，总是会找到出路的。一天，克里斯托弗·里夫乘坐一辆小汽车穿行在蜿蜒曲折的盘山公路上。他静静地望向窗外，若有所思地望着路边的每一块指示牌。他发现，每当车子即将行驶到无路的紧要关头时，路边都会出现一块交通指示牌：“前方转弯！”或“注意！急转弯！”当司机根据指示牌的提示转弯之后，前方必然“柳暗花明又一村”，给人一种豁然开朗的感觉。这时，他突然想到了什么，冲身旁的妻子大呼：“掉头，回去，我知道该怎么走今后的路了！”

克里斯托弗·里夫将目光瞄准了导演这个行业，立志要做一个在轮椅上“指点江山”的导演。自己演不了，那就导戏呗，一样是演艺事业，只不过是职位不同，所做的工作不同罢了。

是金子，在哪儿都会发光。从演员华丽地转身做了导演的克里斯托弗·里夫，首次执导的影片就获得了金球奖。这给了他很大的鼓舞，使他变得更加坚强，不断地拓展自己的人生目标和发展方向。之后他不仅尽心尽力在导演这个行业里打拼，还跻身作家行列，利用业余时间用牙齿咬着笔艰难地写作，他的首部著作《依然是我》一问世便冲进了畅销书的排行榜。同时，他还致力于推动胚胎干细胞的研究，希望那些跟他一样身受瘫痪之苦的患者能够重新站起来。此外，他还创立了一所瘫痪病人教育资源中心，当选为全身瘫痪协会理事长。为了给残障人的福利事业筹募善款，他一有空就四处奔走举办演讲会，使自己又多了一个身份或者说职业——社会活动家。

克里斯托弗·里夫打败了内心深处的软弱，用“坚强”二字来武装自己，使人们所敬仰的那个超人又回来了！尽管此时的超人已不再拥有伟岸的身躯，但在世人眼中，他依然是那个高大挺拔的具有超强生命力的超人。

坚强，是成功者必须具备的素养。每一个生命呱呱坠地之后，不经历各种酸甜苦辣的生活，不每天奋斗在喜怒哀乐的人生道路上接受各种磨难的考验，不在苦难的逆境中历练成生活的强者，又怎么能够保持生命的存活与延续呢？

生活就像是一片汪洋大海，只有坚强的人，才能乘风破浪驶向成功的彼岸。所以，即使生活中有一千个理由让我们变软弱，使我们意志消沉，让我们选择放弃，我们也必须要一千零一次坚强地崛起。要知道，你若不勇敢，真的是没有人会替你坚强啊！

别怕碰壁，成功是折腾出来的

生活就像一场战斗，不经历风雨怎么能够见彩虹？不出去碰壁又怎么能够获得成功呢？生活中不断会有逆境来袭，我们绝对不能因为怕碰壁而不去较劲。人，只有碰过壁，受过伤，挨过苦，才能伸手便触摸到蔚蓝的天空，才能张开怀抱就拥抱幸福美好的生活。

生活就像一场战斗，不经历风雨怎么能够见彩虹？不出去碰壁又怎么能够获得成功呢？是狼就一定要练好牙，是羊就一定要练好腿。

人，只有碰过壁，受到教训，汲取经验，才能看到希望的曙光，才能拥抱美好的未来。

2008 年 8 月 8 日晚 8 点整，北京奥运会开幕式如期举行，一个展现中华民族梦想的神话“飞天舞蹈”吸引了全世界观众的目光，而在那个近 3 米高的地毯上翩翩起舞的独舞者更是赢得了全世界观众的掌声。

这掌声，原本是属于北京舞蹈学院有着超强腰背肌及控腿技术绝活的青年舞蹈家刘岩的。可是在开幕式倒计时前10天的彩排中，这位万里挑一的融合了美貌与技术的舞蹈家因一秒之差摔下了3米高台……事故发生后，刘岩接受了长达7个小时的紧急手术才暂时脱离了生命危险，但因颈椎骨折，骨盆粉碎性骨折太严重造成她下身瘫痪，从此可能再也站不起来了，再也不能跳舞了。这对刘岩来说简直是个致命的打击！

刘岩从小便开始接受常人难以忍受的专业训练，不知受了多少苦难磨炼才成为一名出色的舞蹈演员，又好不容易才成为北京奥运会开幕式中唯一独舞《丝路》的A角演员。可是距离正式演出还有那么几天，她便发生了如此大的意外，未来的日子，她要怎么“走”下去呢？未来的生活，她要怎么度过呢？难道真的要一辈子坐在轮椅上吗？沉浸在无尽的痛苦之中的刘岩，很长一段时间都不愿去回忆自己受伤的过程，也不愿去面对自己未来的生活。

刘岩从小就想成为一名国际知名的舞蹈艺术家，眼看她的梦想就要实现了，老天爷却跟她开了一个天大的玩笑，让她从天堂掉进了地狱，无法站立，无法行走，无法跳舞，这比要了她的命还残忍。

或许有人会认为，碰了如此大的壁，遭遇了如此大之不幸的刘岩，会选择在家好好地休养，黯然地度过余生。然而，刘岩在家人的支持和陪伴下，渐渐地从悲痛中走了出来，她告诉自己，既然老天爷还给她留着一条命，那么她就要坚强勇敢地活下去，而且要活出不一样的精彩，活出一个闪亮的自己。可是，身为一名舞者，不能翩翩起舞了，还能做些什么呢？刘岩出院之后就一直在思考这个问题。跳舞是她一生不变的追求和梦想，之前不管遇到多大的阻滞，她都没有放弃坚持跳舞的原则，这一次，她也不愿放弃，只不过，她再怎么坚持也无法站在舞台上起舞了，所以，她唯有选择换一种方式来起舞。

“我的梦想从未改变过。以后的日子，我会用我自己独有的方式在舞台上继续诠释我的艺术人生。”刘岩对自己未来的艺术人生做了个简单的规划，“我仍旧会为舞团贡献自己的一分力量，当然，可能不再是舞台表演了，我会去参与一些文字、理论方面的工作，参与创作。接下来还会给学生上课，会出一本自传体的书。”

2010 年 9 月，刘岩考上中国艺术研究院攻读博士学位，2014 年，她“站”上北京舞蹈学院的讲台开班授课，课程的主题是她读博期间的主要研究方向——中国古典舞手舞研究。同年，她还出版了自己的首部著作《手之舞之：中国古典舞手舞研究》，填补了中国古典舞研究领域的一个空白。两年之后，该书的英文版也正式面市。2016 年，她还执导了中国首部公益题材的时尚轻舞剧《26 分贝》，该剧在北京中华世纪坛首次亮相以来一直备受社会各界关注。

“在 2008 年受伤以后，我特别知道，当你需要帮助时，那个帮助走到身边，真的太温暖了。”所以，这些年，在舞蹈梦想和艺术发展的共同支撑下，在与伤痛不断抗争的过程中，刘岩还“大踏步”地走在公益事业发展的康庄大道上。2010 年，她成立了以自己名字命名的“刘岩文艺专项基金”，关注贫困、孤残儿童的艺术教育，还帮助一个残疾人艺术团创作了名为《我的未来不是梦》的舞蹈，获得了“荷花杯”舞蹈大赛特别奖。

“虽然我坐在轮椅上，可是我的舞蹈能表达的东西仍是无限的。我也一直告诉自己，即便活在轮椅上，也要活出自我。”尽管刘岩再也无法站在舞台上为观众献上优美的舞姿了，但她还是暗自跟自己较劲，用自己的智慧，自己多年来积累的舞台经验去继续自己的艺术工作，继续自己的舞蹈梦，使自己的人生变得更加充实和美好，自己的人生价值得到最大的体现。

生活中不断会有逆境来袭，我们绝对不能因为怕碰壁而不去较劲。人，只有碰过壁，受过伤，挨过苦，才能伸手便触摸到蔚蓝的天空，才能张开怀抱就拥抱幸福美好的生活。

你所经历的苦痛都将变成美好的礼物

你所经历的所有苦痛，将来一定会变成美好的礼物。苦痛，是上天对我们的磨砺和考验，我们所经历的每一份苦痛，都是对美好生活的诠释。只有用苦痛支撑起坚强的信念，才能换取智慧的人生；只有用苦痛去问候漫长的人生，才能拥有一份人生的美好。

有人说，你所经历的所有苦痛，将来一定会变成美好的礼物。因为，苦痛，是上天对我们的磨砺和考验，我们所经历的每一份苦痛，其实都是对美好生活的诠释。只有用苦痛支撑起坚强的信念，才能换取智慧的人生；只有用苦痛去问候漫长的人生，才能拥有一份人生的美好。

他，一个有着不屈灵魂的神话般的人物，拥有跟全球著名投资商沃伦·巴菲特一样智慧的人，是第一个登上《福布斯》封面的大陆企业家。

他，2015 年做了 5 件大事：一是开通了农村淘宝，在农村建立 12000 多个农村淘宝服务站，辐射 1200 多万的农民；二是开通了阿里云计算，让万物互联，让全球的信息集中处理；三是开通了影响中国人买东西标准的天猫国际；四是开张了影响中国人吃喝玩乐的眼下中国增长最快的O2O平台；五是做了一个叫作“钉钉”的工具给企业使用。

他，就是阿里巴巴集团主要创始人，现任阿里巴巴集团董事局主席马云，一个开创了我国电商时代的商界奇才。

马云，他不是一开始创业就成功的。他成立过翻译社，背过大麻袋转战异地摆地摊卖过小东西，启动过中国黄页项目，创建了海博网络……他的这些创业经历，有失败的，有濒临失败的，当然，也有成功的，且一旦成功就一发不可收。

1995年，他启动了中国黄页项目。当时很多人还不知互联网为何物，所以把推销中国黄页的他当成是骗子，然而他却坚信互联网将是“影响人类未来生活30年的3000米长跑”。所以，他一直坚持着，再多的人对他提出质疑，再多的人向他投来不信任的目光，他都决不放弃。1997年，中国黄页创造了年营业额700万的奇迹，成功找到了盈利的模式。马云当即决定要把“中国黄页”打造成中国的“雅虎”。可惜，因各种原因，他的这一梦想破灭了。

马云是一个非常有韧性的人，对于苦痛他从来不抱怨，也从来不为自己的失败找借口，更不会被风雨给打倒。所以，在总结了这次创业失败的经验教训之后，他卖掉了中国黄页的所有股份，准备北上去寻找新的创业项目，开启自己新的创业人生。

到了北京，马云和他的团队先是开发了外经贸部官方网站、网上中国商品交易市场等一系列国家级站点，在积累了丰富的网络经营经验之后，他决定做电子商务，于 1999 年 2 月在杭州创立了阿里巴巴。

阿里巴巴创立之初，很多人认为，当时的中国并不具备做电子商务的条件，一是没有诚信体系，二是没有银行支付系统。但马云认为，就是因为外部条件还不够成熟，才需要第一个吃螃蟹的人站出来帮助和推动创造良好的外部环境，所以他很坚定地要做“第一个吃螃蟹的人”。

当时的阿里巴巴无资金、无技术，更无计划，20 个客户服务人员挤在杭州湖畔花园 100 多平方米的公寓客厅里办公，马云和财务及市场人员在其中一间卧室里办公，25 个网站维护及其他人员挤在另外一间卧室办公，大家都是没日没夜地工作，累了就钻进公寓里的地板上放着的一个睡袋里小憩一会儿。“我在那些黑暗日子里学到的一课就是你必须保持团队的价值、创新和视野。只要你不放弃，就仍然拥有一线机会。当你的力量还很渺小的时候，你必须非常专注，靠你的大脑生存，而不是你的力气。”马云对当时的情景记忆犹新，他就是在那样艰苦的环境下，在一个又一个困难和挫折来袭之时始终保持一颗平和的心坚持下去，这才有了8年之后阿里巴巴在香港上市一举成为当时中国市值最高的互联网公司这样一个硕果。

阿里巴巴的成功，使马云华丽地转身成为当时最耀眼的富豪，不知有多少人眼红他的商业才能，眼红他创造出来的电商奇迹。于是，人人都想来分一杯羹，人人都想成为第二个马云，竞争激烈了，一连串的苦痛也就来了。淘宝假货风波、支付宝事件以及“淘宝伤城”事件接连发生，马云受到了前所未有的攻击和非议，这对他来说，是一次极大的苦难。为了扭转局面，他想到了一个好办法，那就是将权力的重心转移，从台前撤到幕后。

2013年5月10日，马云卸任阿里巴巴集团CEO的职务，把自己13年来与之共同进退的王国交由他人之手。“一路走来最让我感到骄傲的事情不是取得了什么成绩，不是存活下来，而是化解每一次危机，战胜每一个挫折。”交出大权后的马云，心中百感交集。虽然马云离开了阿里巴巴，但是他依然还任董事局主席进行掌舵，不过将会把更多的时间和精力投放在公益与环保事业上，去接受新的苦痛的洗礼，去开创自己新的梦想。

2015年10月23日，51岁的马云及其家族以1350亿元资产蝉联中国 IT 业首富；2015 年 10 月 26 日，2015 年“福布斯中国富豪榜”发布，马云以 218 亿美元财富排名第二；2015 年 11 月 4 日，马云名列“福布斯全球最有权力人物排行榜”第 22 位。经过多年的苦痛磨砺，马云最终成为一代“电商之王”。

苦痛不仅仅是一种感觉，更是一种能力，一种鼓舞人勇往直前的能力。

苦痛又不仅仅是一种能力，更是一种馈赠，一种来源于生活但是又高于生活的馈赠。

人生如船，时时刻刻都会有触礁的危险，人们在惊涛骇浪中必然会触摸到心中无限的苦痛和心伤，但请不要害怕，不要惊慌，勇敢地擦干苦痛的泪水，大声地问候多劫的人生，要相信，所有的苦痛都是暂时的，苦痛过后一定会有阳光。

所有困境都是成功所要付出的代价

人生在世，所经历的一切困境，一切苦难，一切挫折，都是获得成功所要付出的代价。在困境和苦难面前，在挫折与险阻面前，人们只有大胆勇敢地驾驭风险迎头而上，才能够成功地采摘到胜利的果实，才能够成功地攀登上人生的最高峰。

苏联著名的无产阶级作家奥斯特洛夫斯基曾说过：“人的生命似洪水奔流，不遇到岛屿与暗礁，就难以激起美丽的浪花。”

人生在世，所经历的一切困境，一切苦难，一切挫折，都是获得成功所要付出的代价。在困境和苦难面前，在挫折与险阻面前，人们只有大胆勇敢地驾驭风险迎头而上，才能够成功地采摘到胜利的果实，才能够成功地攀登上人生的最高峰。

被誉为“美国当代最成功最伟大的企业家”的美国通用电气公司创始人杰克·韦尔奇，一直以来都被中国企业家当成明星来追捧。为了带领通用电气公司从一家制造业巨头转变为以服务业和电子商务为导向的企业巨人，使具有百年历史的通用电气成为业界真正的领袖级别的企业，他不知经历了多少困境，攻克了多少困难，才最终创造出这样的成就，这样的奇迹。

杰克・韦尔奇 1935 年 11 月生于马萨诸塞州塞勒姆市。他身材矮小，而且还口吃，所以他有些自卑。母亲不断地鞭策他，鼓励他，逼着他努力去克服口吃这个缺陷。然而缺陷这种东西，不是一时半会儿就可以克服的，直到杰克・韦尔奇工作后，他这个缺陷都还存在，不过这并未阻碍他事业的发展。

杰克・韦尔奇从马萨诸塞州大学毕业后到伊利诺伊大学读博，1960 年获得化工博士学位之后直接进入通用电气塑胶事业部工作，正式开始了他的职业生涯。

杰克・韦尔奇在通用电气公司的第一项任务是找一个制造 PPO 的示范场地建工厂。他花费了许多心血和精力找到了一座破败的楼房来建工厂，一年之后工厂建起来了，虽然他因此得到了公司领导的认可，但是他个人觉得这家公司奖惩制度不明确，官僚主义严重，体制僵化，所以要辞职。他的部门负责人鲁本・古托夫对此非常震惊，决心不惜一切代价留住这位能干的年轻人。

鲁本・古托夫设了一个告别宴，邀请杰克・韦尔奇夫妇共进晚餐。在餐桌上，古托夫用了 4 个多小时来说服杰克・韦尔奇，最终以“利用大公司的资源为韦尔奇创立一个小公司的工作环境”将他留了下来。

打消离职的念头之后，杰克·韦尔奇做了PPO工艺开发项目的领导人。当时，这种材料并不起眼，而且它似乎很难塑造成型，市场并不被人看好。但是在杰克·韦尔奇的坚持下，最终制成了一种在高温下具有很高的强度的容易塑型的材料“诺瑞尔”。杰克·韦尔奇大胆地向通用公司建议投资1000万美元建一座诺瑞尔加工厂，得到了公司的认同，之后他更毛遂自荐带着众人挑起了制造和销售诺瑞尔的大梁。

大家对诺瑞尔的市场开拓忧虑重重，杰克·韦尔奇却非常自信，他认为可以用诺瑞尔为广大消费者创造最实用的价值，因为当时所有的家用器具都是用金属制造的，通用公司用塑料来代替，既轻便又实惠，这对广大消费者来说绝对是有百益而无一害。于是，杰克·韦尔奇用诺瑞尔做了家用器具，做了电动罐头起子，甚至还用它来制造汽车车身和计算机外壳等。成品很快就做出来了，接下来的推销才是关键。

杰克·韦尔奇推销的第一站是通用公司的内部产业。当时人们对塑料制成的产品第一反应是将信将疑，可是在杰克·韦尔奇的竭力推荐之下，人们最终还是选择了相信他，进行了试用，结果发现真的比其他材质的好用。这使杰克·韦尔奇对诺瑞尔各种产品的推销获得了巨大的成功，他也因此成为聚碳酸铵脂和诺瑞尔这两种塑料制品部门的领导人，成为通用电气公司最年轻的一位总经理。

同时，为了改变人们对塑料的认识，杰克·韦尔奇别出心裁地用一则“野牛冲进瓷器店打碎所有瓷制用品而只有塑料制品得以幸存”的广告来推销自己公司的产品，获得了空前的成功，继而引发了一场制造业材料革命，使美国消费者纷纷将目光投向塑料制品，使杰克·韦尔奇负责的塑料制品企业首次升格为一个部级企业。

之后，杰克·韦尔奇在自己的职责范围内给广大顾客创造了更多的价值，他也因此步步高升，从通用化学与冶金事业部总经理升为公司副董事长，最后在 45 岁的时候成为通用电气公司历史上最年轻的董事长和首席执行官。虽然通用电气公司拥有 117 年的历史，但是在杰克·韦尔奇接手时，公司机构臃肿，市场反应迟钝，在全球竞争中也正在走下坡路。面对如此困境，杰克·韦尔奇进行了大刀阔斧的改革，将通用电气公司的陋习和弊端切掉，同时还给它注入新鲜血液——开发和研制更能为顾客创造价值的产品。

在杰克·韦尔奇的努力下，公司发生了巨大的变化，12 个事业部在其各自的市场上名列前茅，其中有 9 个事业部入选《财富》500 强。到了 1999 年的时候，通用电气公司实现了 1110 亿美元的销售收入，世界排名第五，盈利 107 亿美元，世界排名第一，市值位居世界第二。

有人是这么评价杰克・韦尔奇的:“他的贡献远不止于将通用这个百年老店经营得重放光彩，他倡导和实行的管理革命，重新弘扬了‘为股东创造价值’这一企业经营的根本原则，使企业获得了真正的动力；他创造了最有益于人才成长的文化，不仅造就了一代企业家，更造就了一种积极向上的精神……”

人生之中的一切大事小事，都不可能做到事事顺心，困境和磨难犹如人生的老友，会时时相随。面对困境，我们不必担忧，不必恐惧，不必害怕，每个困境都有其存在的正面价值，我们只要积极地面对它，勇敢地应对它，努力地克服它，就一定能够畅游生命之湖海，享受到生命之欢愉。

人生没有绝境

人生没有迈不过的坎，也没有突破不了的绝境。只要我们心中时刻充满希望，只要我们能够坦然地面对一切困苦与艰难，就一定能够在黑暗中找到光明，在绝境中找到出路，将危机化为转机，让生命重新开出鲜艳的花朵，结出硕大的果实。

寒号鸟虽然被称为“鸟”，但是它并不会飞；它也有翅膀，只不过是一对光秃秃的肉翅膀。别以为这对翅膀会让寒号鸟变得难看，一到了夏天，寒号鸟全身都长满了美丽的羽毛，这个时候的寒号鸟可谓全天下最美的鸟了。寒号鸟为此骄傲极了，一整个夏天都不忘展示它那漂亮的羽毛呢。

可是，夏天一过，秋天来临的时候，很多鸟结伴飞到南方过暖冬，而寒号鸟只能默默地选择留在原地。寒号鸟知道，一旦冬天来临，它可以拿来炫耀的漂亮羽毛就会全部掉光，没有了羽毛抵御严寒，寒冷的冬天可怎么过呀？若是它不做好充分的越冬准备的话，不是被冻死就是被饿死。

人生没有绝境，绝境中总会藏着希望。聪明的寒号鸟最终还是想到了过冬的好办法。在别的鸟努力飞向拥有暖冬的南方时，寒号鸟每天起早贪黑地去寻找食物，备足了整个冬天的粮食，然后还找了一些稻草，铺满自己的小窝。一切准备工作就绪之后，冬天如约而至，掉光了羽毛的寒号鸟躲进自己温暖的小窝静候春天的到来。

人生之路不可能永远是坦途，必然会遇到令人无奈的困境，甚至是绝境。置身于人生绝境的我们，必然会饱受痛苦的煎熬，必然要忍受非人的折磨，但只要我们学会直面绝境，把它当做磨炼自己的砺石，不断地锤炼自己，就必然能够激发出坚强的生命力，使自己以饱满昂扬的斗志继续踏上漫长的人生路。

他，是一个神奇的操盘手，一个能够在绝境中辟出一条希望之路的神奇人物。

他，打造了一个庞大的“QQ 帝国”，为中国人创造了一种全新的沟通方式。

他，创造了中国最大的网络公司，首先将“互联网 +”的概念引出来，使数以亿计网民的沟通方式和生活习惯与腾讯的企业社会责任紧密相关。

他，就是腾讯的主要创办人之一，现任腾讯公司控股董事会主席兼首席执行官的马化腾。

马化腾1971年10月出生于广东省汕头市潮南区成田镇。13岁之后随家人迁到了高新技术产业极为发达的深圳，这为他今后在互联网产业上进行深入发展创造了良好的社会背景。

马化腾高中毕业后进入深圳大学计算机系就读计算机专业。1993年毕业后到深圳润迅通讯发展有限公司做编程工程师，专注于寻呼机软件的开发。这段工作经历，扩宽了马化腾的视野，给他上了一堂启蒙管理课，同时也给他带来了一个十分重要的讯息——软件开发的意义在于实用，更多的人去应用它才会有价值，这为马化腾之后的大胆创业打下了坚实的基础。

其实，从1998年开始马化腾就一直在考虑独立创业的事，但是一直都没想清楚自己到底要做什么项目。由于他一直在软件开发这一行打拼，所以后来觉得做生不如做熟，可以在寻呼与网络两大资源之中找到属于自己的发展空间。在这种想法的推动下，马化腾与他的同学张志东合资注册了深圳腾讯计算机系统有限公司，主营业务是软件开发。开发软件虽说是脑力劳动，但没有一定经济基础的支撑也是难以发展下去的，所以马化腾之后又吸纳了曾李青、许晨晔、陈一丹三位股东入股。

腾讯公司开创之初，做网页，做系统集成，做程序设计，业务虽然还算多样化，但由于马化腾不太懂得市场运作，他拿着公司的产品去向运营商推销时，绝大多数情况下都是被拒之门外的。这让公司几乎陷入了绝境，资金不足，技术又没有突破。为此，很长一段时间马化腾都在思考，到底怎样才能绝处逢生。

后来，在“新公司要想长远地发展下去，必然要有一个创新的产品去引领市场”的理念指引下，马化腾自主开发了一个基于INTERNET的网上中文ICQ服务——OICQ。当时国内已经有两家公司在做OICQ了，似乎做得还不错。马化腾经过一番深思熟虑之后，最终还是决定做OICQ。因为OICQ这个产品不仅可以和公司的主项发展业务移动局、寻呼台、无线寻呼方案等项目互相配合互相促进，而且当时飞华、中华网等许多公司都有意向去做这种即时通讯项目，所以马化腾认为这个产品有广阔的市场开拓空间。

果不其然，深圳腾讯计算机系统有限公司推出的OICQ深受广大用户的喜爱，网上中文ICQ服务也很快成为全国在线人数最多的中文ICQ服务商，这让马化腾收益不小。然而，1999年到2000年间，腾讯公司仿照ICQ开发的OICQ抢了很多ICQ的用户群，ICQ公司通过法律途径状告腾讯公司，要求它立即停止使用OICQ这个名称，并将OICQ域名归还给ICQ公司，同时还要赔偿ICQ公司的损失。腾讯公司最终败诉，不能再沿用OICQ这个名称了。马化腾和腾讯公司似乎再一次陷入了绝境。

不过，人生没有真正的绝境。马化腾并未因此而认输，他果断地将 OICQ 更名为 QQ，欲将这个即时通讯项目进行到底。QQ 继承了 OICQ 令绝大多数用户和投资商爱不释手的优点，故获得了来自美国 IDG 和香港盈科数码 220 万美元的风险投资，这让腾讯公司再一次绝处逢生，开始进入一个新的发展时期。

腾讯公司规模不算大，全公司上下只有 18 名员工，尽管 2001 年时 QQ 的注册用户已经高达 2 亿人次，但还是没有具备扩充资本和推行收费业务的条件，所以市场上流传着 QQ 或将收费或将停止服务的消息，这给腾讯公司带来了一定的负面影响。马化腾再一次主动出击，以与运营商签订二八分账的协议来实现业务增长，移动 QQ 就这样应运而生。2002 年，移动 QQ 的收入占到了腾讯公司整体业务收入的 70% 左右，马化腾又乘胜追击推出非常 QQ 男女、彩铃、图片等服务形式，同样获得了用户的青睐。

之后，马化腾还不断创新和优化公司的商业模式，成功地使腾讯公司于 2004 年 6 月在香港交易所主板公开上市。2009 年，腾讯公司入选《财富》“全球最受尊敬 50 家公司”，马化腾也于 2014 年进入全球 100 位最有影响力人物名单之中。

绝境不仅仅是一场磨难，它更是一种人生的醒悟和升华。人生没有迈不过的坎，也没有突破不了的绝境。只要我们心中时刻充满希望，只要我们能够坦然地面对一切困苦与艰难，就一定能够在黑暗中找到光明，在绝境中找到出路，将危机化为转机，让生命重新开出鲜艳的花朵，结出硕大的果实。

苦难是宝贵的人生财富

苦难是一笔宝贵的人生财富，是人生的一种考验。只有善待苦难的人，努力忍受苦难的人，认真超越苦难的人，才能最终成为别人羡慕的成功者。只有将苦难化为奋勇向前的力量，才能活得精彩，寻找到属于自己的一片美丽天空。

幸福与美好确实很受人喜欢，但是苦难与艰辛亦不可憎。正如高尔基所说的："苦难是一所最好的大学。"人，只有勇敢地接受生存的考验，大胆地去经历苦难，才能更好地存活于世，活出自我，活出精彩。

苦难是一笔宝贵的人生财富，是人生的一种考验。只有善待苦难的人，努力忍受苦难的人，认真超越苦难的人，才能最终成为别人羡慕的成功者。

吴晶，就是一个视苦难为珍宝的盲女。

吴晶出生于江苏省泰兴市黄桥镇一个普通的工人家庭。1 岁多的时候她因患视网膜母细胞瘤而导致左眼永久性失明，3 岁的时候右眼也看不见东西了。从此以后，她只能生活在一片黑暗之中。

可是黑暗的世界并没有带给吴晶灰暗的人生，她并未因为自己遭受如此大的苦难而悲观失望，反而以积极的心态去面对一切不公。她对自己说："我的眼睛盲了，但是我的身体却没有盲，别人能做到的事，我也能做到！"在这个信念的支撑下，她刻苦学习，充分发挥自己在音乐方面的特长，竹笛演奏水平达到了 10 级，还在 2001 年全国残疾人文艺调演中获得了笛子组独奏三等奖的优异成绩。14 岁那年，她积极参加田径比赛，展示出自己在田径方面的巨大潜力，结果被省队教练选中进行重点训练和培养。

2003 年，吴晶因长期进行超负荷的运动骨折了，原本可以在家休养的，但是全国第六届残运会即将举行，她觉得这是展示自己的好时机，于是她带伤坚持参加比赛，凭着一股超乎寻常的毅力摘下了 100 米、4×100 米两枚金牌及 200 米铜牌，赢得了鲜花和掌声。虽然之后吴晶的腿伤越来越严重，但她还是不肯放弃，坚持参加了多项残运会比赛，取得了越来越多的优异成绩，还因为获得了亚运会冠军而被选入国家队，后来更获得了参加 2004 年在雅典举行的残疾人奥运会的机会。

雅典奥运会预赛的时候，吴晶的大腿肌肉拉断，但她还是以小组第一的身份进入了决赛。复赛的时候，她是被担架抬出场地送去奥林匹克医院的。医生说她暂时不能回赛场，至少要坐轮椅休息两个月。听罢医生的话，吴晶的情绪瞬间跌到了谷底，但是她咬咬牙告诉自己，不经历风雨怎能见彩虹？自己一定要积极地去面对所遭受的每一个苦难，她可以接受失败，但决不能选择放弃。于是，她要求队医给她打了绷带，第二天就回到了赛场上，哪怕是走，她都要坚持参加完比赛。结果，吴晶用左腿一格一格地把一百米给走完了，这一次，她依然是被担架给抬出去的。尽管没能捧回她梦寐以求的奖杯，但是她却赢得了全场观众的喝彩。那一刻，对吴晶而言，喝彩比奖杯更重要。

在田径赛场上取得的成就，只是吴晶才华的一部分。她一直都很想走出国门，到外面的世界去走一走“看一看”。在南京盲校学推拿的她，常常利用课余时间自学英语，为自己将来能够“走出去”做准备。由于看不见，她只能靠听广播来学习英语，并通过广播电台一档学英语的节目和在江苏一家学院做外教的加拿大籍 Batt 先生成为好朋友。

Batt 担任南京外国语学校“中加班”的加方校长，他邀请吴晶到他们学校就读。吴晶知道自己身体条件有限，与那些健康的学子有一些差距，但这是个大好时机，过了这个村就没这个店了，所以她毅然抓住了这个机遇，经过一个月的试听之后被南京外国语学校破格录取了，成为该校成立42年来第一位盲人学生。为了跟上“中加班”同学的脚步，吴晶几乎每天都要学习到深夜一两点。这样的学习生活非常苦，非常累，但是她都咬牙坚持下来了。

机遇总是降临在有准备的人身上。2007年2月6日，吴晶应美国盲人协会的邀请飞抵美国进行为期一个月的访问。在美国期间，吴晶走访了好多所著名的高校和盲校。这些美国名校招生部均被吴晶自强不息的精神所感动而为她安排了面试。吴晶在面试中，以超级流利的英语和非凡的自信感染了每一位考官，很快便接到了哈佛大学、斯坦福大学等6所著名高校的录取通知书，且都承诺给她提供全额奖学金。

2007年6月，吴晶到美国蒙特玛丽学院读预科，选修英语、公共演讲和长笛。2008年9月，吴晶转入瑞典斯德哥尔摩大学读社会学。一直有音乐梦的她在瑞典学习之余，经常与长笛高手交流，所以进步飞快。2012年8月，吴晶被瑞典文客文化公司聘为音乐业务总监。2013年9月，吴晶与她的长笛老师在瑞典皇家音乐厅举办的长笛独奏会《北欧与中国的对话》大获成功，正式奠定了她长笛演奏家的地位。之后，她回国赴北京、上海、扬州等城市巡演开音乐会。

今天的吴晶，之所以能够取得如此辉煌的成就，完全得益于过去的那些年，她经历了无数苦难，付出了无数艰辛的努力……

苦难，它真的不是毒蛇，也不是猛兽，更不是羁绊人前行的绊脚石。只要我们将苦难化为奋勇向前的力量，只要我们大胆而果敢地去经历苦难跨越苦难，就一定会寻找到属于自己的一片美丽天空。

穿过逆境，遇见幸福

逆境是支撑成功果实的高大树干，想要获得胜利的果实，就必然要努力地向上爬；逆境是挡在绿洲前的沙漠，想要获得甘露，就必然要不停地向前跑；逆境是通往世外桃源的森林，想要获得幸福，就必然要穿过荆棘丛林。

逆境，是上苍赐予人的一种财富，它能够历练人，磨砺人，使人不断地超越自我，创造自我，实现自我。

俗语有云："逆境能够使人奋勇向前，顺境只会让人停滞不前。"绝大多数成功人士都是在逆境中成长起来的。2007 年已成为中国新能源首富，个人资产高达 400 亿元，位列"福布斯中国富豪排行榜"第 6 位的全球"太阳能王"彭小峰，就是在逆境中不断崛起的。

彭小峰，1975 年出生于江西省吉安市安福县的一个小山村。他一直以来都有个梦想，那就是能够出国留学。尽管后来他并未实现这个梦想，不过这个梦想却引领着他到达了另外一个目的地。

彭小峰大学毕业之后到江西吉安外贸进出口公司工作了 3 年，积累了一些资金，也积累了一些人脉和客户。之后，他只身前往苏州开始创业，为自己积攒更多的资金以供出国留学之用。他最先做的是进出口代理，凭着自己之前积累下来的人脉和客户，短短几个月就由进出口贸易转向了实业而正式创立了苏州柳新集团。

2002 年，彭小峰在欧洲出差时了解到“欧洲正在酝酿修改交通安全法，欲将反光背心列为汽车随车标准配备，以保障驾驶人夜间下车巡视车辆等情况时的安全”这样一个信息，当即便让工厂做好生产这种反光背心的准备。2004 年的时候，意大利、西班牙率先完成了这一交通安全法的修改，国内的企业当时似乎还没反应过来，可是眼光独到的彭小峰已经开始销售这种货品了，于是 30% 的市场份额迅速被苏州柳新集团占领。那一年，苏州柳新集团年出口额达到了 10 亿元。

然而，好景不长，受国际大环境的影响，苏州柳新集团后来积压了不少反光背心，在售价越来越低的情况下，耗时 3 年多才将库存清完。苏州柳新集团也因此积压了大量的资金，造成了很大的损失。遭遇如此打击的彭小峰，却越挫越勇，从反光背心积压事件中吸取教训，悟出了一些经营的窍门。

一个企业要想在激烈的市场竞争中求得生存和发展，就必然要适时地进行改革，适时地进行业务创新。2003 年到 2005 年间，彭小峰勇敢地迎接他人生之中最大的一次转折，即将公司的业务从传统劳保制造业转向高科技太阳能发电行业。

其实，彭小峰在做反光背心时就一直在关注欧洲的立法，当他了解到欧洲正在对太阳能发电方面进行立法时，当即就想到了要将公司的业务往太阳能发电方面转变。他认为这个项目具有永久发展性，不过当时因为对这个行业不熟悉，还是不敢贸然地进军。所以，他花了两年时间对太阳能行业进行市场调研，其间他把苏州的工厂交给父母打理。

调研结束之后，彭小峰于 2005 年以 5 个亿的启动资金开建了太阳能产业——江西赛维。为了取得良好的发展，彭小峰费尽心思地从各行各业挖了一批顶尖人才加盟。江西赛维 2006 年正式开始投产。为了拓展业务，当年 7 月，江西赛维吸收了 NBP 亚洲投资等基金首轮 1500 万美元的投资；9 月又联合十几家私募基金进行第二轮 4800 万美元的投资；12 月，NBP 联合鼎晖给江西赛维注资了 2250 万美元。仅当年，江西赛维的净利润就超过了 3000 万美元；第二年 6 月，江西赛维在投产一年之后成功上市，创造了所有在美国纽交所单一上市的中国企业最大规模 IPO 的纪录。这真可谓一个企业奇迹啊！

然而，更多的奇迹还在后头呢。2007 年 9 月 26 日，江西赛维的股价涨到了 76.7 美元，涨幅高达 174%！从那一刻起，32 岁的彭小峰便成为中国最年轻的百亿富豪。而大家绝对想不到彭小峰当时有多牛，全国 20 多个晶硅太阳能制造商，竟然有 14 个是他的客户，且订单还排到了 2019 年。之后只用了 3 年的时间，他就打败了美国的大公司成为全球太阳能硅芯片霸主。故有媒体称，彭小峰缔造了中国企业“比光速还快”的奇迹。

很多人都想知道彭小峰为什么年纪轻轻就能创造出中国企业“比光速还快”的奇迹，原因其实很简单，那就是他不在逆境中沉沦，不在顺境中停滞。

有人说：“逆境是支撑成功果实的高大树干，想要获得胜利的果实，就必然要努力地向上爬；逆境是挡在绿洲前的沙漠，想要获得甘露，就必然要不停地向前跑；逆境是通往世外桃源的森林，想要获得幸福，就必然要穿过荆棘丛林。”

是的，逆境是通往成功的必经之路，没有经历过逆境的人，永远也不可能得到经验教训，遇事无经验可循无教训可吸的话，那么注定是要失败的。

是的，逆境是一种对人的意志力的磨炼和考验，没有经历过逆境的人，永远也不可能受得了风雨的洗礼，一旦有暴风骤雨来袭的话，那么注定也是要失败的。

逆境是成功的基石。人，只有在无数逆境的打磨下，才能真正地成长成才！